基于模型的系统工程（MBSE）实践

方法、软件及工程应用

杨海根　戴罗昊　戴尔晗　陈建江　付　超◎编著

人民邮电出版社

北　京

图书在版编目（CIP）数据

基于模型的系统工程（MBSE）实践：方法、软件及工程应用 / 杨海根等编著. -- 北京：人民邮电出版社，2025. -- ISBN 978-7-115-65791-6

Ⅰ．N945

中国国家版本馆CIP数据核字第2024RQ0118号

内 容 提 要

本书从系统工程的概念出发，介绍了MBSE理论、SysML建模语言各类视图的作用、建模工具SysDeSim.Arch和系统运行可视化仿真工具SysDesim.Rvz的使用方法，以及这两个工具的应用。

本书既可以帮助计算机、机械等专业的高校教师及学生掌握MBSE方法及相关工具的使用，也可为系统工程领域的设计师和研究人员提供参考。

- 编　　著　杨海根　戴罗昊　戴尔晗　陈建江　付　超
  责任编辑　孙馨宇
  责任印制　马振武
- 人民邮电出版社出版发行　北京市丰台区成寿寺路11号
  邮编　100164　电子邮件　315@ptpress.com.cn
  网址　https://www.ptpress.com.cn
  北京九天鸿程印刷有限责任公司印刷
- 开本：720×960　1/16
  印张：18　　　　　　　　　　　2025年5月第1版
  字数：179千字　　　　　　　　2025年5月北京第1次印刷

定价：179.90元

读者服务热线：(010)53913866　印装质量热线：(010)81055316
反盗版热线：(010)81055315

前言

随着我国导弹、飞机、坦克、航母等复杂系统装备从模仿走向自主创新，传统的基于文档的系统工程方法在处理这些具有高创新性、高复杂度和高集成度的复杂系统装备时逐渐显示出其局限性，难以满足产品在性能、质量、成本和进度上的严格要求。为了应对这些挑战，MBSE 方法应运而生，为复杂系统的体系设计、需求分析、验证与确认等活动提供了新的思路。

MBSE 方法是建模方法的形式化应用，从产品的概念设计阶段开始，将模型驱动的思想贯穿整个生命周期，通过建模和仿真手段及时验证需求与方案，保证设计过程的正确性。通过 MBSE 方法开展系统建模、专业领域建模，能够实现系统整个设计过程的模型化表达，提升需求分析、设计和验证能力，降低装备研发过程中的风险，实现系统"需求规范可追溯、架构合理可验证、指标闭环可联动"。

当前，复杂系统装备的研发企业面临着产品复杂度高、涉及专业广泛及协作单位多等问题。本书结合我国复杂系统装备研发的业务特点和先进的研发模式，介绍了基于建模与仿真、逐层分解需求的系统工程方法，旨在通过对各个阶段的需求模型进行确认和验证，降低系统开发的风险，实现系统级与单元级需求、建模、仿真及验证全要素的管理与集成。这种方法以需求和模型为核心，支持"需求—设计—仿真"过程中指标体系、架构模型、仿真数据等元素之间的关联和追溯，集成各类建模、仿真、分析和验证工具，实现体系模型与场景仿真、系统模型与系统仿真、专业模型与多学科仿真之间的无缝对接，建立三类模型与数据间的统一交换接口，确保不同仿真工具和专业设计软件间的数据能够平滑传递，实现从论证、方案制定到详细设计的各阶段，研发团队都能够准确理解之前的设计意图，保证设计意图的"横向闭环"与"纵向传递"。

SysDeSim 系列软件是由笔者团队历经三年时间研发的系统建模与仿真软件，在系统架构设计建模（SysML 语言）和软件架构设计建模（UML 语言）的基础上扩展统一体系建模（UPDM 语言）标准包，完整支持符合统一体系结构框架标准的体系架构设计建模。该软件提供了丰富的集成开发接口，支持与对抗仿真推演、多学科综合设计优化、通用质量特性分析、系统运行可视化仿真等工具软件和产品数据管理等系统软件的紧密集成。

本书共 8 章，具体如下。

第 1 章从系统工程的概念出发，介绍了系统工程的发展和几种系统生命周期模型、系统工程过程，以及系统工程的能力和团队体系。

第 2 章介绍了基于文档的系统工程建模方法，以及 MBSE 的定义与发展，详细阐述了 MBSE 的三大支柱。

第 3 章介绍了建模语言 UML 和 SysML，通过对 SysML 的各类视图进行描述来说明如何实现复杂系统的规范定义和架构设计。

第 4 章介绍了建模工具 SysDeSim.Arch，从需求、结构、功能及行为等方面分析了如何建模，并以飞行器飞行到目标位置为例对高级建模的语法进行了说明。

第 5 章介绍了系统运行可视化仿真工具 SysDeSim.Rvz，详细说明了软件如何使用，以及如何与建模工具 SysDeSim.Arch 进行联合仿真。

第 6 章展示了典型系统级模型的建模过程，以某导弹数字孪生模型的构建为例，提炼业务领域的建模步骤，开展建模与仿真工作。

第 7 章和第 8 章为读者提供了两个联合仿真案例，这两个案例均通过 SysDeSim.Arch 进行建模，但第一个案例在 SysDeSim.Rvz 中设计运行仿真场景；第二个案例则通过 UE4 虚拟现实引擎构建可视化仿真场景，进行联合仿真。

由于笔者知识水平有限，本书还存在一定的疏漏，敬请读者批评指正。

杨海根

2024 年 12 月

目录

第 1 章　系统工程基础

1.1　什么是系统工程 …………………………………………………… 002
1.2　系统工程的发展 …………………………………………………… 004
1.3　系统生命周期模型 ………………………………………………… 005
　　1.3.1　ISO/IEC 15288模型 …………………………………… 005
　　1.3.2　NSPE模型 ……………………………………………… 007
　　1.3.3　CMMI模型 ……………………………………………… 008
　　1.3.4　软件生命周期模型 ……………………………………… 010
1.4　系统工程过程 ……………………………………………………… 010
1.5　系统工程的能力和团队体系 ……………………………………… 013
　　1.5.1　系统工程能力体系 ……………………………………… 013
　　1.5.2　系统工程团队体系 ……………………………………… 015

第 2 章　MBSE 概述

2.1　基于文档的系统工程建模方法 …………………………………… 020
2.2　什么是MBSE ……………………………………………………… 021
2.3　MBSE的发展 ……………………………………………………… 025
2.4　MBSE的三大支柱 ………………………………………………… 030
　　2.4.1　建模语言 ………………………………………………… 030
　　2.4.2　建模工具 ………………………………………………… 031
　　2.4.3　建模方法 ………………………………………………… 032

第3章 建模语言

- 3.1 UML ········· 038
- 3.2 SysML ········· 046
  - 3.2.1 结构图 ········· 048
  - 3.2.2 行为图 ········· 056
  - 3.2.3 参数图 ········· 071
  - 3.2.4 需求图 ········· 072

第4章 建模工具 SysDeSim.Arch

- 4.1 概述 ········· 080
  - 4.1.1 SysDeSim.Arch建模流程和模型框架 ········· 080
  - 4.1.2 SysDeSim.Arch的基础功能 ········· 082
- 4.2 需求分析和建模 ········· 088
- 4.3 结构分析和建模 ········· 091
- 4.4 功能及行为分析和建模 ········· 096
- 4.5 基础建模语法案例 ········· 105
  - 4.5.1 体系工程创建 ········· 105
  - 4.5.2 用户需要分析 ········· 107
  - 4.5.3 业务需求分析 ········· 108
  - 4.5.4 系统设计 ········· 120
- 4.6 高级建模语法案例 ········· 129
  - 4.6.1 结构体定义和使用 ········· 129
  - 4.6.2 实例建模与仿真 ········· 135
  - 4.6.3 测试用例仿真 ········· 149
  - 4.6.4 高级活动动作 ········· 162
  - 4.6.5 联合仿真与面板驱动 ········· 164

目录

4.6.6	FMU集成	171
4.6.7	Matlab集成	177
4.6.8	JavaScript集成	184
4.6.9	领域特定语言建模	187
4.6.10	指标建模	189

第5章 系统运行可视化仿真工具 SysDesim.Rvz

5.1	系统界面	200
5.2	想定编辑	201
	5.2.1 想定周期和想定描述	201
	5.2.2 编辑阵营和选择阵营	202
	5.2.3 单元操作	203
	5.2.4 事件编辑	205
5.3	作战规划	209
	5.3.1 参考点编辑	209
	5.3.2 任务编辑与仿真运行	210
5.4	武器装备数据库管理	214
5.5	视图管理	215
5.6	联合仿真数据接口	216

第6章 典型系统级模型建模与仿真工程应用

6.1	任务场景简介	220
6.2	系统需求分析	221
6.3	系统结构分析	222
6.4	系统功能设计	223
6.5	可视化仿真联调	228
	6.5.1 UE4模型构建	228
	6.5.2 模型仿真演示	234

第 7 章　联合仿真案例一

- 7.1　案例场景简介 ………………………………………………… 238
- 7.2　系统需求分析 ………………………………………………… 238
- 7.3　系统结构分析 ………………………………………………… 239
- 7.4　系统功能设计 ………………………………………………… 239
- 7.5　系统仿真配置 ………………………………………………… 240
- 7.6　场景驱动的系统运行可视化软件联调 ……………………… 240

第 8 章　联合仿真案例二

- 8.1　案例场景简介 ………………………………………………… 248
- 8.2　系统需求分析 ………………………………………………… 250
- 8.3　系统结构分析 ………………………………………………… 254
- 8.4　系统功能设计 ………………………………………………… 257
- 8.5　系统仿真配置 ………………………………………………… 272
- 8.6　UE4虚幻引擎联调 …………………………………………… 274

第 1 章

系统工程基础

1.1 什么是系统工程

一个社会、一辆汽车、一部手机、一个细胞，都可以被视作一个完整的系统，每个系统在各自的领域中都发挥着不可替代的作用。近年来，系统工程已经从一种新兴方法转变为一种被广泛认可的实现系统的有效方法。它横跨设计、制造、管理等多个不同的学科，在化工、机械、航空、国防、数学等领域及相关产品中都得到了广泛的应用。它以整体系统为研究对象，通过对系统的全过程进行规划、设计、开发、实施和维护，满足系统的预期需求和目标。系统工程强调整体性、协同性和系统性，旨在设计、集成和管理复杂系统的生命周期。

系统工程涉及这些问题：什么是系统？是社会那样庞大复杂的系统还是细胞那样相对简单的系统？我们该如何认识系统？生命周期是什么？是指一个产品、一个项目的生命周期吗？生命周期包含了哪些阶段？系统工程包含了哪些学科？在系统工程中这些学科起到了什么样的作用？系统工程需要怎样的能力和团队？这些问题的答案有助于我们完整全面地了解系统工程。

"系统"一词泛指由一群有关联的个体组成，根据某种规则运作，能完成个别元件不能单独完成的工作的群体。目前系统工程还没有一个统一的定义，因为它涉及多个学科和领域，具有多样性和复杂性。系统涉及从整体上看待问题，考虑到社会与技术相关的所有方面和所有变量。这要求我们形成一种从总体上思考问题的方法——系统思维。在系统思维下，既要考察局部构成，以及它们之间的相互作用和关系，又要将它们视作一个整体，不是仅仅关注单个个体，还要关注系统与环境之间的关系。在系统思维中，系统被视为一组相互关联的元素，这些元素为了实现共同的目的而共同工作，元素可以包括人员、流程、组织、技术等。系统的行为和结果不仅由单个元素的特性决定，还由它们之间的相互作用和反馈决定。系统思维注重从整体出发思考问题，加强顶层设计，避免片面的思考方式，同时要处理好方方面面的关系，保障各元素间的紧密耦合。

系统并不是静态的，而是随着时间的推移不断改变自身的用途，在已有功能的基础上不断增删改查。现实中，几乎不会以线性的方式对系统进行开发，即使系统采用线性的生命周期，在其生命周期的各个阶段中也会涉及很多迭代。举例来说，最初的手机完全是用来通信的，但随着移动通信技术的发展，手机也可以提供互联网功能，在此基础上又衍生出视频、游戏、社交媒体等各种各样的网络应用。

需求是系统工程的基础和驱动力，让我们明白一个系统最终的目标是什么。需求贯穿产品生命周期的所有阶段，所有问题的提出与解决都是基于需求展开的，需求在系统生命周期中按照提出问题、解决问题的递归过程，逐渐形成了从概念到设计、制造、维护的完整流程。同时，存在缺陷的需求会对系统造成多米诺骨牌效应，这些错误将在系统的生命周期中被不断地放大，导致系统功能缺失。

系统工程国际委员会（INCOSE）致力于发展系统工程和提高系统工程师的专业地位，它对系统工程的定义是：系统工程是一种能够实现成功的跨学科方法和手段。系统工程师需要具备广泛的知识背景和跨学科的综合能力，综合运用多个学科领域的知识和方法以应对复杂系统开发和实施中的各种挑战。

系统工程是连接各个传统学科的桥梁，其复杂和多样的元素要求设计人员需要运用不同学科的知识进行设计、开发和维护。系统工程师既需要确保单一元素可以正常工作，又必须考虑不同元素之间可以进行复杂的交互，确保交互的接口是相互兼容的。在系统中的元素由不同的团队设计时，沟通和协作显得尤为重要。一个庞大的系统工程的设计、测试、维护团队，势必是由来自工程和非工程学科不同的参与者组成的。想让如此复杂的团队能够步调一致地工作，就需要一个专门的工程团队来领导并协调执行。

系统工程可以从多个角度进行描述，在学习系统工程时，应把握住"系统思维、系统工程过程、系统工程能力"这条主线，从3个方面系统地理解系统工程的概念。第一，系统工程体现了一种利用系统方法来解决问题的思维方式，这种系统思维需要考虑整个系统及其组成部分之间的相互作用，以及系统及其环境之间的相互影响。第二，系统工程是一套解决问题和工程实施的过程，必须有一个定义明确的过程来支持系统目标的实现。第三，系统工程是一门融合的学科，需要系统工程师掌握跨学科的综合能力，并建立一个在工程中的系统指挥下相互协作的工程团队。系统思维、系统工程过程和系统工程能力发展这三者是一个有机的整体,不应孤立看待。通过运用系统工程的理论和方法,可以有效地解决复杂系统问题,提高工程项目的成功率。

1.2 系统工程的发展

　　系统工程的思想可以追溯到千年前,在都江堰水利工程和金字塔工程中都蕴含着一些系统工程的思想。现代系统工程的概念则起源于20世纪40年代,当时美国贝尔电话公司为开发微波通信系统而首次正式提出了"系统工程"一词。他们将研制工作分为规划、研究、开发、应用和通用工程5个部分,这也是如今系统工程生命周期阶段划分的雏形。第二次世界大战极大地推动了系统工程的发展。这一时期诞生了运筹学,它作为系统工程理论的重要组成部分,提供了分析和解决问题的方法论。由于这一时期对复杂军事系统的有效管理和优化有着极大的需求,系统工程在军事领域的应用尤为突出,例如美国的"曼哈顿计划",该计划的成功不仅归功于科技突破,也得益于系统工程方法的应用。第二次世界大战后,随着控制论、信息论和计算机技术的发展,系统工程继续演进并应用于更多领域。控制论强调系统内部各部分之间的互动和反馈机制;信息论关注信息的有效传输和处理;而电子计算机则提供了强大的计算工具,使得更复杂的系统设计和模拟成为可能。

　　20世纪50～70年代,随着科技的发展和社会的进步,系统工程逐渐从军事领域扩展到航空航天、交通运输、能源、信息技术等领域。在这些领域,复杂系统的需求和挑战不断增加,需要更加综合和系统化的方法来解决问题。

　　20世纪70年代以来,随着电子计算机的发展,系统的覆盖范围和能力得到了极大的扩展,为系统工程的实践提供了新的机遇。得益于计算机及软件技术的进步,人们对系统的控制逐渐被自动化技术替代。系统工程在商业和民用领域得到了广泛应用:组织开始采用系统工程的方法来处理复杂的项目和系统;工程师们开始使用计算机辅助工具更加高效地进行系统设计、分析、建模、模拟、优化和管理,加快了系统开发和实施的进程,进一步提升了系统的复杂性。系统工程的应用领域继续向社会、经济、生态等方面扩展。

　　如今的系统工程已经发展出一套完善的方法论,例如需求分析、风险管理、系统建模、集成和验证等。这些方法被广泛应用于大型项目和系统开发，在航空航天、环境保护、能源交通、武器装备、网络信息等多个复杂的系统中都有所涉及。随着大数据和人工智能技术的发展，系统工程将更加注重数据的分析和利用，使用自动化、智能化的系统设计和管理，提供智能化的决策支持，以提高效率和性能。在未来，系统工程将继续在各个领域发挥重要作用，并为人类的发展和进步做出更大的贡献。

1.3 系统生命周期模型

系统生命周期通常是指系统从概念产生到开发、生产、运营、维护和最终退役的演化过程，也是一种用于创建、维护、淘汰工程的结构化方法。系统生命周期是系统工程实践的核心内容，也是系统工程师开展工作的主要依据。系统工程师在不同阶段对所承担的任务进行整理后，各种标准组织和工程团体都发布了各自的生命周期模型，但并没有一个通用的模型适用于所有可能出现的情况，因此在建模时要考虑综合应用多种生命周期模型。所幸，这些生命周期模型都将系统的生命周期划分为一系列的基本阶段，每个阶段都代表了系统生命周期中的一个重要步骤，它们具有一定的共性。

1.3.1 ISO/IEC 15288 模型

2001年，国际标准化组织（ISO）和国际电工委员会（IEC）颁布了 ISO/IEC 15288 模型标准，ISO/IEC 15288 模型的核心在于其能够覆盖系统的整个生命周期，从概念的提出到系统的退役，为系统工程提供了一个全面的框架。这个框架不仅包括了技术和管理活动，还涵盖了与系统相关的各个方面，例如需求管理、设计、实施、验证和维护等。具体来说，该模型主要包括以下 4 个方面。

（1）过程框架

ISO/IEC 15288 模型定义了一系列的过程，这些过程是系统工程活动的基础，它们可以是技术性的，也可以是管理性的。这些过程被组合成不同的类别，以便在不同的项目和组织中应用。

（2）系统生命周期

ISO/IEC 15288 模型强调了系统生命周期的重要性，它将系统的生命周期划分为多个阶段，每个阶段都有明确的目标和输出，确保系统从初始概念到最终退役的连续性和一致性。

（3）集成和协作

ISO/IEC 15288 模型鼓励采用集成的方法来处理系统工程问题，这意味着不同学科和专业知识领域之间需要紧密合作。这种方式可以更好地解决复杂系统的挑战，并确保所有的相关方都能有效地贡献自己的专业力量。

（4）持续改进

ISO/IEC 15288 模型提供了对系统进行持续改进的机制，包括对过程本身的评估和优化，以及对系统性能的监控和分析等，这有助于提高系统的质量、效率和可靠性。

ISO/IEC 15288 模型在系统生命周期方面主要涉及以下 4 个阶段。

（1）概念设计阶段

这一阶段包括从发现问题、挖掘需求到提出概念和创新技术等一系列活动。在此阶段，需要使用各种工业技术要素进行问题定义、需求分析，确保概念的完整性和技术的可行性。

（2）设计开发阶段

根据既定方案，完成产品的工程设计和数字样机的定义。此阶段会利用不同软件工具和跨学科的专业知识开展多领域的协同设计与集成，并进行质量控制和验证工作。

（3）生产制造阶段

基于设计开发结果，执行生产或制造过程。从工艺规划开始，涉及采购、软件编码等，同时对产品设计可能产生的修改进行评估，并进行必要的系统验证。

（4）运维保障阶段

系统的运行和维护通常并行开展，提供持续的支持以保持系统的连续运行。这包括有计划地对系统进行修改以改善可维护性、降低成本和延长系统寿命等，并对运行数据进行分析进而实现备件管理和能效优化。

1.3.2　NSPE 模型

NSPE 模型适用于商业系统的开发，是一个涉及系统工程领域先进标准和实践的集合，由国家专业工程师协会（NSPE）制定，旨在指导和管理复杂工程项目的设计、实施和维护过程。NSPE 模型的应用主要包括以下 5 个方面。

（1）项目管理

NSPE 模型提供了一套完整的项目管理框架，包括项目启动、规划、执行、监控和收尾等阶段。这些过程确保项目按照既定目标和计划进行，同时对风险和问题进行有效管理。

（2）需求管理

在系统工程中，准确捕捉和管理需求是至关重要的。NSPE 模型强调了需求的重要性，并提供了一系列的方法和工具来捕获、分析和跟踪需求，确保最终系统满足用户和利益相关者的期望。

（3）设计原则

NSPE 模型提出了一系列设计原则和最佳实践，用于指导系统的设计过程。这些原则包括模块化、可扩展性、可维护性和可靠性等，它们有助于提高系统的质量并降低系统的开发和维护成本。

（4）质量保证

质量是系统工程中的一个关键考虑因素。NSPE 模型包含一套全面的质量保证过程，涵盖从供应商管理到产品测试和验证的各个环节。这确保了系统在交付前经过充分测试，并满足所有质量要求。

（5）社会责任

作为一家专业组织，NSPE 强调工程师的社会责任。NSPE 模型中包含了关于伦理准则、可持续发展和社会影响等方面的内容，旨在促进工程师在项目中做出负责任的决策。

NSPE 模型在系统生命周期方面主要涉及以下 4 个阶段。

（1）概念阶段

在概念阶段，NSPE 模型强调了对需求和约束条件的深入理解。这包括对用户需求、技术限制和项目目标的分析，确保系统的概念设计能够满足所有相关方的期望。

（2）开发阶段

在开发阶段，NSPE 模型提供了一套详细的流程和最佳实践，用于指导系统的设计和开发。这包括模块化设计、接口管理、风险评估等方面的内容，旨在确保系统的可扩展性、可靠性和维护性。

（3）实施阶段

在实施阶段，NSPE 模型强调项目管理的重要性，包括资源分配、进度控制和质量保证等方面，确保项目按计划进行并满足质量要求。

（4）运行与维护阶段

在运行与维护阶段，NSPE 模型提供了关于如何持续监控系统性能、识别和解决问题，以及进行持续改进的指导，确保系统在整个生命周期内保持稳定和高效运行。

1.3.3 CMMI 模型

CMMI 模型提供了一套最佳实践和原则，用于指导组织在项目管理、需求管理、设计、实施和维护等方面的过程，旨在帮助组织评估和改进其系统工程和软件开发的能力。CMMI 模型具体包含以下 6 个方面。

（1）成熟度评估

CMMI 模型提供了一个分级的成熟度评估体系，用于评估组织在系统工程和软件开发方面的能力水平。这个评估体系分为 5 个等级，从初始级（Level 1）到优化级（Level 5），每个等级都代表了组织在过程改进和项目管理方面的成熟度。

（2）过程改进

CMMI 模型强调过程改进的重要性，并提供了一系列的最佳实践和原则来指导组织进行过程改进。这些最佳实践涵盖从需求管理到项目监控和收尾的整个过程，旨在提高组织的工作效率和质量。

（3）项目管理

CMMI 模型提供了一套完整的项目管理框架，包括项目规划、执行、监控和收尾等阶段。这些过程确保了项目按照既定目标和计划进行，同时对风险和潜在问题进行有效管理。

（4）需求管理

在系统工程中，准确捕捉和管理需求是至关重要的。CMMI 模型强调了需求的重要性，并提供了一系列的方法和工具来捕获、分析和跟踪需求。这有助于确保最终系统满足用户和利益相关者的期望。

（5）设计原则

CMMI 模型提出了一系列设计原则和最佳实践，用于指导系统的设计过程。这些原则包括模块化、可扩展性、可维护性和可靠性等，它们有助于提高系统的质量并降低系统的开发和维护成本。

（6）质量保证

质量是系统工程中的一个关键考虑因素。CMMI 模型包含一套全面的质量保证过程，涵盖从供应商管理到产品测试和验证的各个环节，确保系统在交付前经过充分测试，并满足所有质量要求。

CMMI 模型将产品或项目的生命周期划分为多个阶段。CMMI 模型在系统生命周期方面主要涉及以下 5 个阶段。

（1）项目启动阶段

CMMI 模型强调项目目标的明确和计划的重要性。通过定义清晰、可重复、可测量的过程，确保项目从一开始就有坚实的基础。

（2）规划与执行阶段

CMMI 模型提供了一系列的最佳实践，用于指导项目规划和执行。这些最佳实践有助于确保项目按照既定目标和计划进行，同时对风险和潜在问题进行有效管理。

（3）监控与控制阶段

在项目的执行过程中，CMMI 模型强调过程的监控和质量控制。这包括对项目进度、成本和质量的持续监督，以及对偏离计划的部分进行必要的调整。

（4）收尾阶段

项目结束时，CMMI 模型强调对项目成果的验证和确认，确保项目的成果符合预期，并且满足所有利益相关者的需求。

（5）持续改进阶段

CMMI 模型鼓励组织在项目完成后进行回顾，从中学习并识别改进机会。

这种持续改进有助于提高组织的能力和竞争力。

1.3.4 软件生命周期模型

上述模型所代表的系统生命周期阶段及其组成阶段适用于大多数复杂系统，但在现代金融系统、航空公司订票系统、万维网等软件密集型系统中，软件负责绝大多数的功能，因此需要进一步细化模型中软件的功能。不同于硬件，软件操作的便利性使其往往涉及迭代更新等操作。

不同生命周期模型的比较见表 1.1。

表1.1 不同生命周期模型的比较

模型	概念开发阶段			工程开发阶段			后开发阶段		
ISO/IEC 15288 模型	概念			开发			生产	利用	保障
NSPE 模型	概念	技术可行性		开发	产品准备		大规模生产	产品支持	
CMMI 模型	概念	可行性		设计开发			生产		
软件生命周期模型	需求分析	概念探索	概念定义	高级开发	工程设计	集成与评估	生产	运行和支持	

系统工程的生命周期可以总结为概念开发、工程开发和后开发 3 个主要阶段。这 3 个阶段展示了系统生命周期的组成和系统工程包含的工作类型范围。概念开发阶段需要明确系统的目标和需求，从而对系统概念进行定义，确定系统的整体架构和功能，探索其可行性。工程开发阶段需要实现系统概念，为此需要在满足进度和成本的基础上对系统进行详细设计，确保系统是可行的、有效的和可靠的。后开发阶段对开发的产品进行生产，并及时解决生产过程中的问题，最后对产品进行运行和维护。

1.4 系统工程过程

一个复杂的系统工程可以依据系统生命周期划分为多个阶段。系统工程生命周期是系统工程过程的总体框架，而系统工程过程贯穿生命周期的各个阶段。

系统工程过程是实现系统工程生命周期的手段，是具体的实施步骤和活动，使系统从概念到退役的全过程都能按照既定的方法和标准进行开发和管理。系统工程过程和系统生命周期共同作用，旨在确保系统的分析、设计、开发、实施和运行是有序、高效和可靠的。此外，系统工程过程不是静态和线性的，而是在发现问题进行反馈后不断迭代的。

系统工程过程的定义有很多，本书参考多个工程流程的定义，给出一个简化过的、相对通用的系统工程过程。简化后的系统工程过程如图1.1所示。

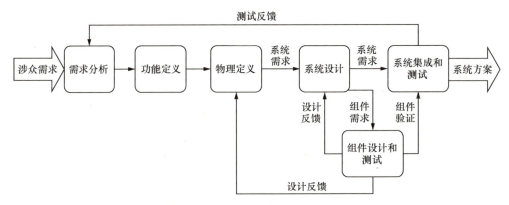

图1.1 简化后的系统工程过程

图1.1只展示了在概念开发和工程开发这两个阶段的系统工程过程。在设计一个系统之初，分析需求是非常关键的。在这个阶段，系统工程师需要和利益相关者进行充分交流，剔除需求中不完整、不现实的部分，确定系统的基本需求和环境、性能、接口、兼容性等方面的要求，并为以后可能存在的改进做好准备。

明确需求后，应确定为了达到预期目标，系统需要涵盖哪些具体的功能。之所以在物理定义和系统设计前进行功能定义，主要是为了尽早进行决策，在多套方案中进行权衡，以确定平衡系统性能和开销的最佳系统组织方法。功能定义也是形成系统基本架构的阶段，通过给各个子系统分配不同的功能，实现对总体目标的功能划分。完成了功能定义也就完成了对系统架构的基础设计。初步划分功能后，顶层子系统功能和需求被进一步分配给底层子系统中的各个部件，一个系统最关键的底层也在一次次的分配中完成概念构建。

物理定义是将功能定义转换为具体的功能设计，在这个阶段需要确定特定的物理形式，包括执行介质、单元形式和接口设计等。接口设计是为了使单元可以正确地与邻近单元或外部输入输出连接，并使子系统和父系统，以及各功能单元之间可以更好地相互兼容，以便在对单元进行调整时也可以正确地传输数据。

系统设计阶段是系统工程过程的核心阶段。在系统设计阶段，系统工程师需要在需求及之前对功能和软硬件的定义的基础上对系统进行详细的设计，包括系统的结构、功能、接口、数据流程等方面。还需要运用多种工程技术和方法，例如模型设计、仿真分析等，来确保系统的设计是可行的、有效的和可靠的。同时，还需要维护从系统目标到系统需求、验证结果之间的可追溯性，确保所有相关方的需求能够得到解决。整个系统设计是由一个个组件和子系统的设计构成的，子系统在设计完成后需要测试其稳定性、兼容性等，并将设计和测试结果反馈给整个系统设计。此时系统工程师则需要分析这些测试结果，重新调整设计，继续重复整个过程，直至满足需求。

系统集成和测试验证阶段是系统工程，过程的关键阶段之一，属于系统工程过程的实施阶段。在系统集成和测试阶段，系统工程师将设计阶段的方案转化为实际的系统；并验证系统是否按照规定的要求和标准进行开发。系统集成阶段涉及多种技术和工具，系统工程师需要与开发团队密切合作。在测试验证阶段，系统工程师需要对系统进行功能测试、性能测试、安全测试等。测试时，需要遵守以下 4 个关键原则。

① 测试可靠性时必须按照超出设计标准的要求来进行测试，这样可以更早地发现初期设计上存在的缺陷。

② 必须制订测试计划和测试数据的分析计划，要考虑人为因素对测试可能造成的影响，并在设计测试或分析数据时进行修正。

③ 必须提供测试报告，并详细记录测试过程和测试结果，及时对存在的问题进行反馈。通过测试验证，系统工程师能够及时发现和解决系统中存在的问题，确保系统的稳定性和可靠性。此外，这一阶段也是评估系统的性能和功能是否符合用户需求和期望的关键环节。

④ 最终通过测试的系统可以作为方案，进入后开发阶段，作为一个产品投

入生产。

系统工程过程是迭代的，这意味着整个系统在生命周期内将持续改进。在整个系统生命周期中，系统工程师会根据来自各个阶段的反馈不断调整和优化系统。例如，基于测试结果，可能需要与相关方协商并调整需求，甚至重新设计方案。每个阶段的实践都可能对其前后阶段产生影响，因此系统工程师需要积极应对变化，确保能够及时发现和解决问题，优化系统设计，提高系统性能。

1.5 系统工程的能力和团队体系

1.5.1 系统工程能力体系

系统工程的应用相当复杂，正如系统思维、流程与学科3个方面需要有机整合，用系统思维考虑问题有一系列方法、逻辑及相关的系统方法支撑，每一个工程实现流程中又对应着非常丰富的工具、技术与相关的方法。系统工程师需要掌握并应用这些方法来开展每一项系统工程活动，并能融合各学科知识、对项目团队进行管理等。系统工程师的培养和筛选需要结合需求与组织架构，建立一套不断完善的系统工程能力体系。从系统思维的形成到系统流程的构建再到系统工程能力和团队体系的形成是一个相当漫长的过程。

INCOSE系统工程能力体系是一套用于评估和提高系统工程师所需的核心能力和知识的框架。它由INCOSE组织开发，旨在帮助系统工程师发展关键技能和知识，以更好地应对复杂的系统工程项目。INCOSE系统工程能力体系将系统工程能力的概念划分为能力等级、能力域、能力范围等范畴。

根据掌握能力的程度，该体系将系统工程师的能力分为意识、支持、领导和专家4个等级。能力等级适用于所有能力域内的能力，例如对于"建模"能力，不同的能力等级对系统工程师的要求也有所不同。意识等级要求系统工程师掌握足够丰富的学科知识，可以在谈论某个特定的工程时快速地理解所有的工程指标，并用理论或现实生活中的案例来支撑。支持等级在意识等级的基础上考察系统工程师将对上述工程指标的理解转变为现实的能力。领导等级考察系统工程师的统筹规划和系统思维能力，考察在积累了一定的项目经验后，系统工程师能否领导项目组完成项目。专家等级要求系统工程师反映出的成为某领域中公认专家的能力，一般项目的领导者需要深耕该领域，发表过相关著作，在公共活动中发言、受邀演讲、颁奖或领导过战略层面的活动才能达到专家级别。

能力域是对系统工程领域所需能力的分类，是 MBSE 能力框架的能力基础，它涵盖了系统工程所需的基础能力，为构建整个能力架构提供了支持。这些能力域通常分为 4 个大类，每个大类中又包含一些具体的能力。系统工程能力域模型如图 1.2 所示。

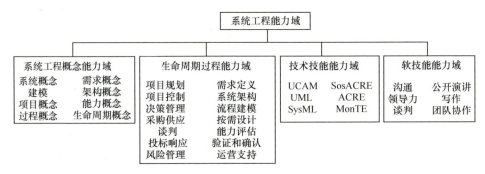

图1.2 系统工程能力域模型

系统工程概念能力域定义了系统工程的所有相关概念，因此通常将其作为评估系统工程师对系统工程概念理解程度的标准。生命周期过程能力域适用于组织内使用的生命周期流程，主要包含技术管理和技术能力两个方向，前者主要考察系统工程师对工程的管理能力，例如规划、控制、风险管理等，后者则主要考察系统工程师对之前所描述的系统生命周期概念和流程的理解及实施。技术技能能力域是指系统工程师在系统工程中应该掌握的建模工具和语言，包括 ACRE（基于模型的需求工程方法）、UCAM（通用能力评估模型）、MonTE（建模工具评估）、UML（统一建模语言）、SysML（系统建模语言）等。软技能能力域对所有系统工程师来说非常重要，但在系统工程框架中却较少提及。该能力域通常包含了一些职业能力，例如沟通能力、领导能力、谈判能力等。这些能力并不像一些具体的技术规则一样有固定的标准，而是需要在工程中不断积累。

INCOSE 系统工程能力体系是面向流程和岗位的。因此，INCOSE 系统工程能力体系既要将不同能力域内的能力与系统工程流程相融合，又需要根据不同岗位的职业需要，形成不同能力等级和能力需求的能力模型，从而建立岗位能力范围，以及对应流程和岗位所需的实践工具、技术与方法。

在系统工程中，能力范围为工程中的每个岗位都定义了所需的能力。能力范围综合了之前提到的能力等级和能力域，展示了各个角色在工程中应掌握的能力和能力掌握的程度。系统需求工程师的部分能力范围示意如图1.3所示，每个能力的级别通过相关单元格的阴影显示。

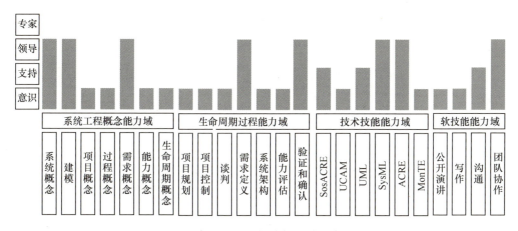

图1.3 系统需求工程师的部分能力范围示意

从图1.3中可以看出，系统需求工程师主要的任务是对需求进行定义和分析，所以系统需求工程师对"需求概念"和"需求定义"这两项能力的要求都是"领导"级别的。此外，因为需要运用SysML对需求进行建模，所以系统需求工程师对SysML技术技能的要求也比较高。而"系统架构"等能力也是一个系统需求工程师所必备的能力，但要求却在"意识"级别。这意味着只要求系统需求工程师了解这些概念，但不要求其在该领域有任何相关经验。从个人的角度来看，能力范围体系提供了一种展示个人能力的机制，且对于各个组织都是通用的。因此，能力范围体系使整个招聘领域和组织之间的人员流动变得更加简单，当评估应聘人员的能力时，可以按照能力范围定义一组能力范围，并以此评估应聘者适合担任工程中哪个具体的职位。

1.5.2 系统工程团队体系

系统工程团队体系示意如图1.4所示。

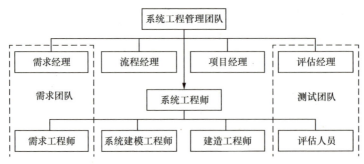

图1.4 系统工程团队体系示意

实际的系统工程团队体系会更加复杂，需要考虑的因素也更多，在图1.4所示的体系中，各个角色和职责可以概括如下。

① 系统工程管理团队负责管理与项目计划相关的活动，并对技术工作进行控制，确保项目的顺利实施。

② 需求团队由经理和工程师组成，他们的主要任务是分析用户需求，制定并确认系统需求，为后续的设计和开发提供清晰的方向。

③ 流程经理在了解流程的需求后，负责流程的设计、创建，并维护其一致性，保证整个工程过程符合既定的标准。

④ 项目经理和系统建模工程师这两个职位具有广泛的含义，根据项目所处的阶段及特定需求不同，它们各自包含多个专业领域。例如，在架构设计项目中，项目经理需要具备良好的架构知识和项目管理技能；而系统建模工程师则需要拥有强大的建模能力，能够依据用户的需求对系统架构进行建模。

⑤ 建造工程师的任务是将设计的模型转化为真实的系统，这涉及系统的构建、集成、安装等一系列工作，直到系统搭建完成，并可交付测试人员进行测试。

⑥ 测试团队由评估经理和评估人员组成，他们的职责是制定测试策略和执行测试程序，以验证系统是否满足用户需求。评估人员需要具备出色的沟通技巧，他们不仅要对被评估对象（例如性能、物理特性、可靠性、可维护性及成本）有深入的理解，还要确保整个评估过程顺利进行。

此外，这幅图只是单纯地反映了从需求到开发的生命周期内参与到系统工程的工作人员，在一个完整的系统工程中，还应包括后开发阶段生产制造、运营维护至最终系统报废等涉及的工作人员。从整个工程的全部利益相关者视角来看，还应包括作为顾客的用户、提供资金等支持的赞助商、工程工具的提供者、相关标准的制定者等。

考虑到利益相关者的需求，系统工程参与者需要涵盖多个工程和非工程学科，跨学科的系统工程团队应包含来自各个相关学科的代表。团队的组成取决于系统的复杂程度和参与者所拥有的知识范围。对于较小的项目，一个具备广泛的领域知识的系统工程师就可以与软硬件开发和测试团队紧密合作，共同完成项目。而对于大型系统开发项目，可能需要由一个系统工程经理管理的系统工程团队来规划和监督整个系统工程工作，这类项目可能涉及数十名甚至上百名拥有不同经验的系统工程师。

总体来说，系统工程是一个综合性学科，要求系统工程师具备多个方面的核心能力。同时，在系统工程团队中，不同领域的工程师需要在管理团队的指导下通力合作，共同完成系统的构建、开发和实施。只有通过能力体系寻找合适的团队成员，组建合理的团队体系并进行有效的团队合作，才能够推动工程项目成功实施，实现系统的长期稳定运行。

第 2 章

MBSE 概述

2.1 基于文档的系统工程建模方法

如第 1 章所述，系统工程在 20 世纪 40～50 年代逐步形成，并在近几十年得到大范围应用，当时的系统工程师在描述系统的需求、架构、设计等概念时，通常使用一系列基于自然语言的文档进行构建。这种方法得到了长期应用，在过去的几十年中一直是主流的建模方式。

系统工程师在使用这种方法时会手动生成操作概念文档、需求说明书、需求跟踪和验证矩阵、接口定义文档、N2 表、架构说明文档、系统设计说明书、测试案例说明书、特性工程分析等。系统工程师通过一系列的术语和参数把这些文档串联起来，这些术语对系统进行了定性描述，各种参数则是对系统的定量描述。系统工程的各个团队从文档中抽取相关参数进行分析、设计、计算后再把结果参数写入文档，转交给下一个生命周期流程的相关团队。很显然，在这个过程中，文档的生成、管理变得非常重要，一份文档涉及生命周期的多个流程，需要经过不同团队工程师的定义、修改、维护。由于文档数量众多、内容复杂，又只能用文字来表述，这给文档的管理造成了很多困难。

基于文档的系统工程会以多个文本文档、表格、图片等形式来创建产出物。虽然基于自然语言的文档一般对没有系统工程专业知识的技术人员比较友好，但这类文档在描述系统架构模型时具有天生的缺陷。文档需要依靠工程设计术语来使参与工程的各方对系统有共同的理解和认识，所以各方的沟通交流要依赖不断更新的术语表、词汇表等。事实上，仅依靠自然语言通过文档进行沟通，很难使双方的理解达成一致，不同的人对同一个词的理解可能有很大的偏差。这些文档中包含的信息通常难以管理、同步和维护，并且难以评估其质量（正确性、完整性和一致性）。大量的文档和图表难以进行有效管理，文档版本控制和更新非常复杂，信息传递效率低，在信息传递过程中容易出现漏传和误解，文档完成后难以进行迭代和改进。尤其是当系统的规模越来越大、涉及的学科和参与的团队越来越多时，这些问题则更加突出。进入信息时代，系统工程的文档从过去的纸质形式发展到电子化的形式。但这只是使存取、复制、修改等操作方式更加便利，其编码方式依然基于自然语言，文档的电子化、网络化并没有从根本上改变各方对文档理解的不一致问题。在系统工程的整个生命周期中，各个团队必须付出很大的精力维护这些文档的一致性，否则最终的产品就可能会因存在的不一致性问题而废弃，这也导致了基于文档的系统工程方法的成本是非常高昂的。此外，文本描述的设计元素之间无法实现追溯分析，因此当设计出现变更时，很难对变更影响进行准确评估。基于文本的设计方案也无法进行前期仿真验证，设计方案无法与详细设计阶段的数字化模型（如计算机辅助设计）关联。

举一个系统工程中常见的案例，一位系统架构师决定对设计做一次迭代，将系统中的一个单独模块分割成两个模块，从而更好地实现对功能的分离。为此，他需要重命名最初的模块，同时他还需要注意对这个模块的接口进行拆分和重新定义，以避免出现不兼容和不匹配的情况。为了完全且一致地实现这项变更，他需要定位所有包含那个模块的文本文档、矩阵、图表和演示文档，从各种各样的文件服务器和配置管理库打开每一个与这个模块相关的文件，然后手动把相同的变更输入至所有文档。这只是一名系统架构师必须进行的操作，在系统生命周期流程的下游，还有若干相关工程师需要进行类似的操作。这种方法不仅会花费大量的时间，而且还很容易出错，一个字符的错误、一个文件的遗漏都可能导致整个过程的不一致性，这也说明这种方法的可追溯性较差。这对于项目经理来说也是一个问题，作为项目的统筹负责人，他必须随时修改日程安排，以逐步修正潜在的由于定义改变造成的传播到生产环境中的缺陷，这会进一步增加整个生命周期的成本。

在一些复杂的系统工程项目中，传统的建模方法已经无法满足系统的复杂性和变化性，为了有效解决基于文档的方法可能存在的不一致性问题，人们提出了 MBSE 方法。近年来，MBSE 方法逐渐兴起，并成为系统工程领域的一个重要研究方向。

2.2 什么是 MBSE

INCOSE 将 MBSE 定义为：MBSE 是建模方法的形式化应用，用于支持系统从概念阶段开始一直持续到整个开发和后续生命周期阶段的需求、设计、分析、验证和确认活动。MBSE 以建模为核心，在 MBSE 的定义中，建模就是利用计算机辅助工具，运用某种建模语言和建模工具来创建和管理系统工程模型的过程，应用是对模型的实施与执行，模型是我们思考问题的基本方法，是设计工作的思维基础。这些模型可以是表格、图形、数据等形式，用于表示系统的需求、结构、功能、行为等。同时，MBSE 也是系统工程范畴内的一种实践方法，是将基于文档的模式变革为一种基于模型的新范式。既然都属于系统工程的方法，那么不管是应用基于文档的方法，还是 MBSE 方法，系统工程师都会按照系统工程的生命周期执行活动，MBSE 也自然包含第 1 章所述的系统工程思想、系统工程过程和系统工程能力。然而，这两种方法最关键的区别在于生命周期活动的主要产出物不同。

MBSE 方法由传统的以文档为中心转变为以模型为中心，通过建立和使用贯穿整个生命周期的基于统一建模语言的一系列系统模型，对系统工程的原理、过程和实践进行控制。但我们不能片面地将 MBSE 理解为用模型替换文档，使各种模型在生命周期的各个阶段不断堆积，或是完全使用建模工具和建模语言描述系统架构与行为的过程。MBSE 是以模型为中心整合多个领域的各种模型，并构建唯一一个清晰、一致、正确的数据源的系统工程方法。系统工程建模方法发展趋势如图 2.1 所示。

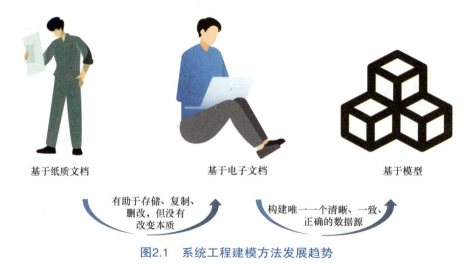

图2.1　系统工程建模方法发展趋势

MBSE 方法的主要产物是一份完整且一致的系统模型，这份模型通过专门的系统建模工具创建，并存储于模型库中。该模型不仅包含系统规范、设计细节，还包括了需要分析和验证的信息，由表示需求、结构、功能、行为、测试用例及其相互关系的模型元素构成。这些模型元素之间的相互关系使系统可以从多个角度被查看，这些角度虽然关注的是系统的不同方面，但保持了不同视图之间的一致性。

系统建模时，必须根据各个利益相关者的需求来建模（描述模型的底层视图，即各种图表）。随着系统开发进程的发展，利益相关者对系统模型的预期用途也会随之变化。例如，在系统的早期概念设计阶段，模型可能主要用于需求分析；而在后续的设计与实现阶段，则会更加注重系统规模、系统架构、设计系统的组件功能和行为、维护需求的可追溯性、验证和评估系统等。因此，根据项目所处的不同阶段，需要灵活调整建模重点以满足具体的需求。

除了核心的系统模型，MBSE 还能自动生成其他副产物，如文档资料。这解决了传统上依赖手工编写文档带来的效率低下问题，同时也保证了信息更新的一致性和及时性。对于那些习惯或要求提供纸质文档作为评审依据的用户来说，这种能力尤为重要。更重要的是，系统模型本身就是动态演进的，且随着项目的推进而不断改进和完善。在软件开发领域，开发人员甚至可以直接利用系统模型生成对应的软件模型，进而生成符合生产要求的源代码。尽管这些副产物对项目有重要作用，但系统模型始终是 MBSE 最核心的成果，其他副产物都是基于这个中心模型自动生成的，它们之间保持了一致性。

在采用 MBSE 方法时，若系统架构工程师需要重命名某个模块，并将其拆分为两个新模块，只需通过建模工具的关键字搜索定位该模块，并在系统模型中进行相应修改即可。建模工具会自动将这一变更应用到所有相关图表上，确保整个模型的一致性。由于 MBSE 视整个模型为一个整体，每个设计决策都被理解为一个模型元素或元素之间的关系，它只位于系统模型中的单一位置。因此，无论系统有多大，只要在一处变更系统模型，所有对这个元素的使用和这个元素的本体都会产生相应的改变，即任何更改都会立即反映在整个系统的各个视图中。此外，在生成文档等副产物时，建模工具同样会根据最新的模型状态更新这些文件，从而保证所有产出物之间的一致性。相比传统的基于文档的系统工程，MBSE 在保持模型一致性和提高管理效率方面具有显著优势。

通过建立可以被各学科、各研发人员和计算机所识别的覆盖全生命周期的模型，MBSE 提供的工作模式在保持一致性的同时为工程中的高效沟通和协同奠定了基础，提高了系统工程的鲁棒性和精确性。MBSE 增强了捕获、分析、共享和管理与产品规范相关的信息的能力，从而带来了以下优势。

① 提高了利益相关者和系统工程团队之间的沟通效率，使用建模工具对模型进行创建和管理，模型元素可以自动更新，提高了系统工程的效率。

② 用建模语言来描述系统，构建了完整清晰的唯一数据源，保证了模型的一致性。

③ 可以通过从多个角度查看系统，对该模型的一致性、正确性、可追溯性和完整性进行评估，从而提高管理复杂系统的能力。

④ 通过尽早提出要求和设计中的问题，能够更快速地进行影响分析、改进和重新设计，及早洞察方法实施和决策中潜在的缺陷，降低风险，缩短解决问题的时间。

⑤ 增加模块化，减少集成和测试期间的错误和所需时间，并自动生成一系列副产物，提高生产效率。

⑥ 增强知识迁移，以可访问、查询、分析、改进和复用在不同系统工程中已有的模型和相关领域的知识，增强模型的复用性。

关于 MBSE，利益相关者通常存在一些误区，他们通常是工程客户或生命周期下游的开发团队等。他们对 MBSE 的理论方法有一定的了解，但并没有真正地去实践 MBSE。对他们来说，MBSE 是非常系统化的工程开发方法，只需通过单击操作，就可以从上游产生的系统模型中得到自动生成的产物。他们会错误地相信，MBSE 让所有的系统工程任务变得更加简单，并能降低生命周期每个阶段的成本。但事实上，MBSE 虽然可以保证系统模型的一致性，但并不能很好地减轻创建系统架构和设计系统所需的繁重工作，也不能降低对系统说明和设计过程的工程严密性的要求。MBSE 方法的核心是我们为系统过程构建模型，我们将需求、分析、设计、开发模型化，并使它们形成有机的联系，由于模型中的各项数据都具有一致性和可追溯性，整个模型最终才形成了一个完备的系统。我们可能为精细设计的系统创建很差的模型，也可能为设计较差的系统创建出很好的模型。同时，MBSE 相较于传统的文档方法，需要付出学习多种建模工具和语言的高昂成本，并且建模工具的使用也是需要成本的，建模工具本身还可能存在不兼容、不稳定的问题。只有用户需求在系统生命周期中发生变化，导致系统设计需要做出一些改变时，MBSE 在一致性方面的优势才会显现出来。

2.3 MBSE 的发展

MBSE 作为一种基于计算机的模型敏捷设计方法，主要分为孕育阶段、启蒙阶段、上升阶段、发展阶段和调整复苏阶段 5 个阶段。

（1）孕育阶段

本质上，MBSE 是一种工程模型，几何学为工程模型的出现奠定了基础。18 世纪，法国数学家加斯帕尔·蒙日提出了采用几何技术解决工程设计问题的思想。1795 年，他在大学中建立了工程师培训体系，将这种基于几何学的思想向普通工程师推广。在 MBSE 孕育阶段，科学家关注的工程模型偏向几何模型，目的也是基于几何技术解决工程问题。

（2）启蒙阶段

20 世纪 60 年代，MBSE 进入启蒙阶段，专家和学者开始关注如何将代码及系统采用模型化手段表达。这一时期对商业及工业计算领域来说，是最富有成效的十年。大型计算机作为新兴技术被广泛应用，人们开始探索其潜力，并在实践中不断提出新理论、硬件和软件解决方案。

在启蒙阶段，MBSE 关键的成功因素包括早期用户的参与、功能分解和模块化规则的定义、早期形式化方法及软件生命周期概念的提出。这些概念和方法为后续 MBSE 的发展奠定了坚实的基础。

随着时间的推移，MBSE 逐渐沿着基于模型的系统生命期管理、基于模型的产品线/系统生命期管理，最终向基于模型的企业生命期管理发展。这种发展不仅包括技术和方法的进步，也反映了用户对复杂系统整体性建模与分解验证的支持需求的增加，以及模型与构建信息物理系统相结合的趋势。

（3）上升阶段

20 世纪 60 ~ 70 年代，随着计算机技术的发展和软件工程的兴起，学者们的研究重点开始转向如何将系统工程概念与实践进行结合,并开始探索如何利用模型来更好地理解和设计复杂的系统。在这一时期,MBSE 的关键进展包括以下内容。

① 模型化手段的探索:学者们开始研究如何通过模型化手段来表示代码和系统,以支持模型重用等工业需求。这标志着系统工程从传统的文档驱动方法向模型驱动方法转变。

② 技术与理论的发展:技术人员渴望找到提高工作效率和产品质量的方法,以及更加优秀的计算机技术和方法。例如,Wayne Wymore 等引入软件开发支持基础设计框架,以中央计算机化数据库为基础,提供了一套完整设计工具(CASE[1])、面向对象方法和工程评审方法。

(4)发展阶段

20 世纪 80 年代初期,研究人员发现想要一劳永逸地解决所有软件工程问题的方法是不存在的。技术的不断创新将支持工业软件更好更快地解决工业问题,于是,与 MBSE 相关的经典技术在这个阶段被大量提出。20 世纪 90 年代,Wayne Wymore 等在《基于模型的系统工程》一书中提出了通过严格的数学表达式对系统工程过程中各种状态和元素进行抽象表达的方法,并且还以数学形式的模型体系建立了系统工程中各种状态元素之间的联系,这是面向系统工程的模型化描述方法的雏形。1997 年,对象管理组织(OMG)发布了 UML,用于软件工程过程的建模,以提高软件开发效率和降低开发成本。UML 嵌入了状态机、状态转换图表规范。这种规范拥有自己的交互式图形输入、仿真工具和代码生成工具。这种状态机在 CASE 工具的研发中取得了一个重大进步,因为它关注精度和符号语义,可以为不同的领域概念提供不同的图形化符号与分层式模型结构。2003 年,OMG 在 UML 的基础上进行了扩展与再开发,提出了将 SysML 作为系统工程的标准化建模语言,并在 2007 年 9 月发布了 OMG SysML v1.0,这为 MBSE 的实际应用提供了可行的实现途径与技术支撑。

(5)调整复苏阶段

2007 年,INCOSE 在《系统工程 2020 愿景》中强调,MBSE 是未来系统工

---

[1] CASE(Computer-Aided Software Engineering,计算机辅助软件工程)。

程方法与技术的发展趋势，是系统工程领域的一次变革。INCOSE 将 MBSE 视为系统工程前进、发展与推广的重要方向，INCOSE 对 MBSE 的发展远景规划路径如图 2.2 所示。INCOSE 将 MBSE 的成熟度分为两大类，一类是 MBSE 商业实践成熟度，另一类是 MBSE 能力成熟度。MBSE 商业实践成熟度分为 3 个阶段，第一阶段为特定的 MBSE 阶段，以传统文档为中心获取需求；第二阶段为良好的 MBSE 阶段，以传统文档与模型混合获取需求；而第三阶段是体系化的 MBSE 阶段，完全以模型为中心获取需求。同样地，MBSE 能力成熟度也分为 3 个阶段，第一阶段为单一领域建模能力阶段，这一阶段 MBSE 能力成熟度较低，只能基于经验在单一工程领域构建系统工程模型；第二阶段为相近领域建模能力阶段，在这一阶段 MBSE 能力成熟度已经有所提高，能够实现借助相对成熟的单一领域建模经验，对相邻领域的工程系统建模进行指导；第三阶段是全领域建模能力阶段，在这一阶段 MBSE 能力已经具有较高的成熟度，系统建模方法已经适用于绝大多数工程领域，建模者可以较为轻松地根据工程需求结合 MBSE 方法对系统工程开展建模工作。

图2.2　MBSE发展规划

对于相关的 MBSE 技术，集成相关研发流程、工具、方法论和建模语言等要素，实现具备跨语言数据集成，是下一代 MBSE 建模语言解决生命周期数据互用性及多视角、全要素大一统集成和开放性等问题的核心要求。目前 INCOSE 和 OMG 等组织的专家研发的 SysML v2.0 语言，以及由洛桑联邦理工学院、瑞典皇家理工学院、北京理工大学、上海交通大学、北京中科蜂巢科技有限公司等机构合作开发的 KARMA 语言，均采用了基于文本和语义的建模方法。这两种语言的核心目标在于实现系统描述及表达的统一性。SysML v1.X 为图形化语言，规范中规定了图框指代内容，模型中涵盖的内容及其对应的图标。基于 SysML 规范，各建模工具开发各自的模型库，而由于各工具采用的技术路线不同，可能存在对规范的不同理解，也可能出现基于相同规范，但是不同建模工具的实施方法不同，例如，同样基于 SysML 规范，时序图在 Magic draw 中采用的表达与 Rhapsody 中采用的表达（同步信息组件的固定语法不同，条形及圆角框）却不相同，虽然两个工具描述的本质信息相同，但是在前端表现上并不相同。为了实现不同 SysML 工具之间的交互，SysML v2.X 采用文本式（语义式）建模规范，将图形化表达和语义文本表达集成，提升建模人员的工作效率并改善用户体验。

SysML v2.0 较 SysML v1.0 具备更高的精度、表现力、一致性、可用性、互操作性、可扩展性，且支持下一代系统建模。SysML v2.0 对 KerML 进行扩展，方便对具有结构、行为、需求和深度嵌套层次结构的系统进行建模，并支持指定分析和案例验证；SysML v2.0 底层提供模型的互补文本和图形表示，有助于提高开发团队及使用者对系统的理解；SysML v2.0 内嵌的应用程序接口（API）有助于开发团队导航、查询和更新模型的标准，并支持在系统开发全生命周期中与其他工具或软件应用进行互操作。相较于 SysML v1.0，SysML v2.0 的优势如下。

① SysML v2.0 相较于 SysML v1.0 应用了一致的定义和用法模式，文本语言和表达式语言更精确，且具备更简单的语言扩展功能，详见表 2.1。

表2.1　SysML v1.0与SysML v2.0术语定义对比

SysML v1.0	SysML v2.0
角色属性 / 块	角色 / 角色定义
值属性 / 值类型	属性 / 属性定义
代理端口 / 接口块	端口 / 端口定义
动作 / 活动	动作 / 动作定义
状态 / 状态机	状态 / 状态定义
约束属性 / 约束块	约束 / 约束定义

续表

SysML v1.0	SysML v2.0
连接器 / 关联块	连接 / 连接定义
需求	需求 / 需求定义
视图	视图 / 视图定义

② SysML v2.0 需求可由求解器评估可行性，只有约束表达式为真时，需求才适用，即解决设计方案必须满足约束定义，如标识符、应声明与约束表达式属性等。

③ SysML v2.0 的库扩展机制支持专业术语与模式化观念自动化结合。SysML v2.0 与 SysML v1.0 硬件扩展模块图的对比如图 2.3 所示。

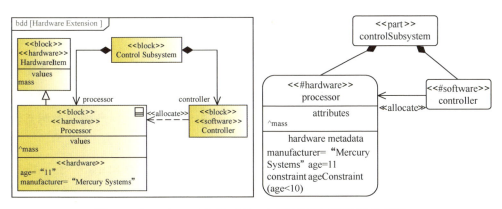

图2.3　SysML v2.0与SysML v1.0硬件扩展模块图的对比

④ SysML v2.0 支持标准 API 连接，互操作性更强，具体功能如图 2.4 所示。

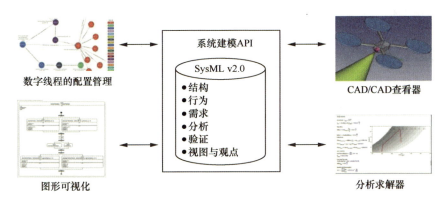

图2.4　SysML v2.0的API功能示意

2.4 MBSE 的三大支柱

MBSE 的核心思想是通过建模驱动系统工程，若想要实践 MBSE 方法，则应了解 MBSE 的三大支柱，它们分别是建模语言、建模工具和建模方法。系统工程师需要使用专业的系统建模工具来执行建模方法中规定的一系列任务，并用标准化的建模语言表达系统中所包含的元素和元素之间的关系。这些支柱共同构成了 MBSE 的基础，为系统工程师提供了一种全新的、更高效的系统设计和分析方式。

2.4.1 建模语言

建模语言是 MBSE 的核心组成部分，是描述系统的抽象表示，是系统工程师和利益相关者之间交流的重要工具。建模语言提供了一种形式化的、统一的方式来描述系统的结构、行为和性能，使系统工程师可以更加准确地理解系统的各个方面，并进行系统设计和分析。

当前，工程领域有众多标准化的建模语言，如 Matlab、Simulink、STATEMATE、UML、SysML 等，每种建模语言都有自己适用的领域和优点。Matlab、Simulink 主要关注连续的数学模型，缺乏 MBSE 所需的系统架构设计能力。STATEMATE 虽然具备建模能力，但缺少需求和功能分析的工具，而且没有严格的标准规范，因此在系统工程领域的认可度不高。

OMG 针对软件工程领域制定了标准化的 UML，可对产品进行说明、可视化和编制文档。随着 UML 在软件工程的广泛应用，系统工程师逐渐意识到使用标准的建模语言来构建系统模型的优点，但 UML 并不完全适用于系统工程实践，尤其是系统模型的构建。因此，OMG 在 UML 软件工程语言的基础上进行扩展，针对系统工程领域开发了 SysML 标准化语言。

SysML 语言是图形化的，可以创建系统需求、行为、架构、约束与交互等的模型，能够有效帮助系统工程师解决系统设计日益增长的复杂性问题。SysML 可以将系统设计中的需求、设计、验证及项目管理等不同阶段的工程整合到一起，同时也可以将系统设计中软件、硬件等不同设计领域的工程进行集合，极大地提高了系统设计效率。SysML 还可以根据系统模型生成自然语言的文档，并使用文档和用户进行交流。

尽管本书所介绍的案例是基于 SysML 的，但 MBSE 所用的建模语言并不仅限于 SysML。在系统工程全生命周期中，系统、软件、硬件、性能等领域的工程师可能会根据他们所设计的系统类型，使用更适合的建模语言，如 UML、UPDM、BPMN、MARTE、Verilog、Modelica 等。使用这些语言都有一个重要的前提，即语言本身必须是可以使工程师顺畅沟通的标准化媒介，使用语言对模型元素和元素之间的定义必须保证清晰和一致，这样才能最终构建出良好的系统模型。

2.4.2 建模工具

有了建模语言，还需要找到支持该语言的建模工具。建模工具与 Visio、SmartDraw、ProcessOn 等绘图工具不同，尽管这两类工具产出的图在内容和形状上十分相近，但使用绘图工具产出的图并不能保证图中一样的形状所代表的模型是一致的，而使用建模工具产出的图只是底层模型的视图，对图进行修改时，实际上修改的是模型中一系列元素及元素之间的关系。因为建模工具和使用的建模语言符合 MBSE 的一致性要求，所以建模工具会立即更新所有与修改元素有关的图和模型，并将它显示出来。

建模工具提供了图表上的符号和浏览器中相应模型元素之间相互导航的机制，建模者可以选择图表上的符号并在浏览器中找到这个元素所在的图表、包的信息等，反之亦然。因为大型的工程模型可能包含数百个图表和数万个模型元素，所以这种机制极大地减轻了建模者的工作量，同时还可以保持系统层级清晰，保证了模型的一致性。建模工具还允许建模者在任何特定图表上显示和隐藏模型的选定细节，这对于管理图表的复杂性非常重要，建模者只需要显示满足当前图表需求所必需的元素即可，这样可以避免不同建模者对同一模型共同建模时的干扰。针对这一特性，管理团队通常将建模工具与配置管理工具结合使用，一方面可以清晰明了地分配职责，加强过程管理，另一方面可以更好地控制建模过程，通过向不同的建模者分配不同的读取和写入权限，以实现对模型不同部分的访问的控制。具有模型特定部分的读取权限的建模者可以查看模型的该特定部分，而具有写入权限的建模者也可以修改模型的该特定部分。

近年来，以 SysML 为基础的系统级模型已成为系统建模时的首选，相应的商业化工具及平台均支持 SysML 标准，一些工业软件公司分别自主研发或直接收购了一些 MBSE 工具软件。目前支持 MBSE 设计的建模工具有很多，如 Agilian、Artisan Studio、Enterprise Architect、MagicDraw、Rhapsody 和 Umodel 等，它们在功能组件、仿真性能和适用范围方面都各不相同。

2.4.3 建模方法

建模方法是指导工程团队创建模型的方法论，它适用于不同的生命周期阶段，旨在满足不断变化的需求，使团队中所有的系统工程师都能按照一致的方法进行分析、设计、验证以构建系统模型。来自利益相关者的需求从任务级别向下到系统级别，再到系统元素级别。MBSE 可以应用于系统层次结构的每一个级别，在多层结构中递归地应用该方法可能涉及整个开发过程中的多次迭代，因此必须采用合适的系统建模方法并使用严格的多学科团队和管理流程，这样才可以保证模型的一致性，避免团队因缺乏统一的思想和标准化的设计方法而使团队中不同工程师对模型的理解有所不同，最终导致模型在设计重心、系统深度和行为准确性上差异巨大。以下将介绍 3 种具有代表性的方法理论研究。

（1）Vitech 理论

Vitech 理论是由美国 Vitech 公司在 1990 年提出的基于模型的系统工程建模理论。其核心理念是将系统工程建模和生命周期管理与现代信息技术相结合。Vitech 理论定义了 3 个设计层面，采用递进式的方法，要求设计人员在进行下一层的工作前必须完成上一层的工作。其最主要的优点是能够在每一层得出一个可供评审和验证的方案，并且在迭代过程中逐渐修改设计缺陷，最后得出完整的设计方案，实现系统设计、开发、验证和交付等不同阶段的一体化管理。Vitech 理论的设计流程如图 2.5 所示。

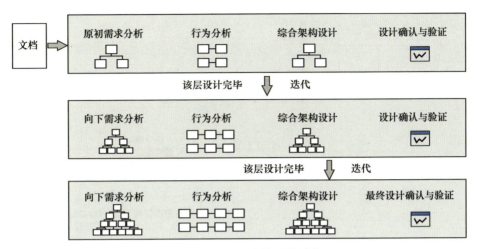

图2.5 Vitech理论的设计流程

（2）OOSEM 理论

OOSEM 理论在 1998 年提出，设计人员发现传统的软件开发方法在面对复杂系统时存在许多缺陷，而基于对象的开发方法可以更好地处理这些问题。于是他们将面向对象的开发方法与结构化分析和设计方法相结合，侧重于硬件和软件的开发，OOSEM 理论有助于后续软硬件的集成和验证，降低了系统验证的负担。

OOSEM 理论框架如图 2.6 所示。在需求分析阶段，主要获取和分析用户与相关利益者的需求，并将这些需求转化为模型，以支持后续的软件设计和开发。在设计和建模阶段，主要使用前一阶段的模型来设计并构建系统的物理组成与关联，实现每个组件的创建和集成，便于逻辑组件映射至系统物理架构。在测试阶段，主要对系统中每个组件和集成后完整的系统进行测试。

（3）Harmony-SE 理论

Harmony-SE 理论是 Harmony 理论中的一个子方法，SE 主要负责基于模型的系统工程部分。Harmony 理论由彼特·霍夫曼提出，针对软件系统开发中存在的问题和挑战，提出了一种全新的软件工程方法和体系，强调协同、协调、共享和演化的理念，并在实践中进行应用与验证。Harmony 理论框架如图 2.7 所示，V 形框架左侧自上而下描述了架构模型设计流程，右侧则显示了自下而上的测试过程。

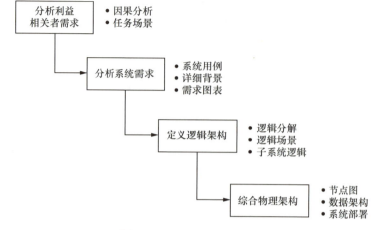

图2.6　OOSEM理论框架

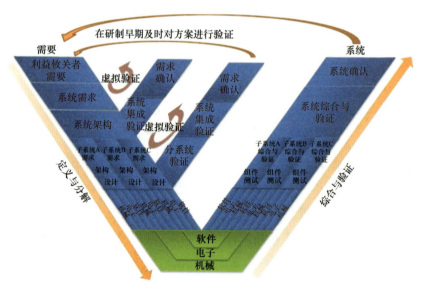

图2.7　Harmony理论框架

Harmony-SE 理论采用自上而下的高层抽象建模方式。首先确认所设计系统的功能，具体来说，在需求分析阶段，获取并整理用户的需求，然后将其做成用例，接着在功能分析阶段，将用例以黑盒的形式连接，生成工作流，描述出整体的用例流程。在设计阶段，将子系统功能以白盒的形式进行描述，分别描述子系统的状态和活动，再定义接口将各子系统连接进行测试验证。Harmony-

SE 理论框架如图 2.8 所示。

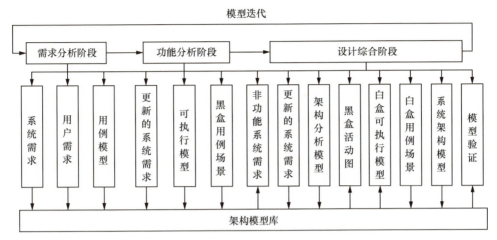

图2.8　Harmony-SE理论框架

在实际设计复杂系统时，每个行业和客户都有其独特的研发需求。因此工程团队需要基于当前项目研发流程的实际需求，采纳市场上众多 MBSE 方法中的一种，对其进行精简、修改或扩展，以满足需要和目的。这包括定义适当的生命周期模型、定制活动和工作产品以符合项目需求和建模目标，以及选择适当的工具来创建和管理模型和其他相关数据。如果没有完全适配的方法，还可以创建自定义的建模方法。

第 3 章

建模语言

3.1 UML

UML 由 OMG 在 1997 年 11 月首次发布，并由其维护，是一种面向对象的可视化建模语言。UML 本身是一套符号规定，就像数学符号和化学符号一样，这些符号用于描述软件模型中的各个元素和它们之间的关系，如类、接口、实现、泛化、依赖、组合、聚合等。OMG 规范指出："在软件系统中，UML 用来指定、构造和记录软件密集型系统的工件。UML 提供了一种编写系统蓝图的标准方法，包括概念性事物，例如业务流程和系统功能，以及具体事物，例如编程语言语句、数据库模式和可复用软件组件。"

UML 自推出以来，已成为软件行业中占主导地位的建模语言。目前，UML 已成功应用于电信、金融、政府、电子、国防、医疗等领域中，有大量的商业或开源软件支持使用。随着 UML 的广泛使用，一些研究者开始尝试将其应用到系统工程等更广阔的领域。尽管在系统工程中使用 UML 的情况越来越多，但是仍然需要一个专门针对系统工程师的定制的 UML 版本，这主要是因为 UML 里的一些元素和图是以软件为中心的，所以它的本体与衍生品仅限于软件产品，物理特性和系统组件在 UML 图中不能很好地表达。

UML 具有广泛的建模能力，作为软件系统领域的建模语言标准，UML 是在消化、吸收、提炼至今存在的所有软件建模语言的基础上提出的，是软件建模语言的集大成者。UML 定义了 13 类视图来表示系统模型，其中，6 类为结构视图，7 类为行为视图。

1. 类图

类图是一种描述系统静态结构的图，主要用于表示系统中的类和它们之间的关系，以展现系统的静态设计。

类图具体包含以下内容。

（1）类表示法

类在类图中通常用矩形框表示，矩形框分为 3 层：第一层是类名，第二层是类的成员变量，第三层是类的方法。

类名在其命名空间中必须是唯一的，并且遵循特定的命名规则：类名以大写字母开头，省略多个单词之间的空格；成员变量和方法名以小写字母开头，后续单词首字母大写，同样省略空格；如果类或方法是抽象的，则使用斜体字表示。

（2）关系表示法

类图中的关系包括关联、依赖、聚合、组合、继承和实现等。这些关系通过不同类型的连线来表示，例如实线、虚线或带箭头的线，以表明类之间的交互和依赖关系。

（3）接口表示法

接口在类图中也用矩形框表示，但有一些特殊的标记用来区分它们与普通类的不同。接口的名字通常以"I"开头，且接口中的方法默认为公有。

（4）访问修饰符

类图中的成员变量和方法前的访问修饰符用符号来表示："+"表示 public，"-"表示 private，"#"表示 protected，不带符号表示 default。

（5）包表示法

包在类图中用来组织相关的类和接口，它们通常用大括号表示，并包含了一系列的类和接口。

2. 对象图

对象图与类图相似，用于描述系统中一组对象的静态结构，展现类的实例及其之间的关系。其主要关注的是系统运行时的实例而非设计时的结构。

对象图具体包含以下内容。

（1）对象实例

对象图中展示了类的实例，这些实例通常包含属性值和方法，这些属性值表示对象在某一时刻的状态。

（2）关联关系

对象间的连线表示它们之间的关联关系，包括一对一、一对多、多对多等不同类型的关联。

（3）导航性

通过箭头的方向来表示一个对象如何访问另一个对象的信息，这在理解对象之间的交互时尤为重要。

3. 组合结构图

组合结构图用于描述系统或部分系统的内部构造，包括类、接口、包、组件、端口和连接器等元素，侧重于展现复合元素的组合方式，以及系统内部各个部分的配置和协作。

组合结构图具体包含以下内容。

（1）内部结构

通过组合结构图，可以清晰地看到系统内部各个组件的组织方式，以及它们之间的连接和依赖关系。

（2）交互接口

组合结构图中还包括与其他系统交互的接口和通信端口，这有助于理解系统如何与外部世界进行数据交换和信息流通。

（3）协作方式

组合结构图可以展示系统内部各个部分是如何协同工作的，例如，它们是如何通过端口和连接器相互通信的。

4. 组件图

组件图用于描述系统的物理和逻辑结构，不仅描述了系统的组成部分，还展示了这些部分如何通过接口或端口相互连接和通信。

组件图具体包含以下内容。

（1）组件表示

组件图中的组件通常表示为带有接口或端口的矩形框。每个组件可以有多个接口或端口，这些接口或端口定义了组件与外界交互的方式。

（2）接口和端口

接口用于描述组件可以提供的服务或需要的服务，而端口则描述了这些服务的具体实现点。端口可以是输入端口、输出端口或双向端口。

（3）关联关系

组件之间的连线表示它们之间的关系。这些关系可以是单向的、双向的或者是传递性的。

5. 部署图

部署图用于描述系统的物理硬件配置及其软件部署情况，主要展示系统运行时的结构，包括硬件和软件组件以及它们之间的物理关系。

部署图具体包含以下内容。

（1）节点

节点代表计算机资源的物理元素，如服务器、设备等。在部署图中，节点通常用立方体表示，处理器是带阴影的立方体，设备是不带阴影的立方体。

（2）节点实例

节点实例是指具体的物理实例，如特定的服务器或运行特定操作系统的计算机。

（3）关联关系

关联关系表示节点之间的物理连接，如网络连接等。

6. 包图

包图用于描述模型中的包及其包含元素的组织方式，提供了一种将模型元素组织成组的机制，有助于管理和控制复杂系统的结构。

包图具体包含以下内容。

（1）元素所有权

在包图中，每个模型元素（如类、用例等）只能归属于一个包。这有助于确保元素的组织清晰且一致。

（2）嵌套包

包可以被嵌套在其他包中，形成层次结构。这种结构有助于表达系统的模块化和分层特性。

（3）表示方法

包在图中通常表示为左上角带有标签的矩形。如果包中不包含其他 UML 元素，那么包的名称可能会出现在矩形的内部。

（4）包之间的关系

包图不仅展示了包内的元素，还描述了包与包之间的关系，如依赖、泛化等，这有助于理解不同模块之间的交互和依赖。

（5）模型组织

对于复杂的系统，使用大量的模型元素进行建模时，包作为一种组织机制，可以有效地对这些元素进行分组和管理。

7. 用例图

用例图描述系统功能及其与外部交互者（参与者）的关系，主要用于捕捉系统的功能性需求，并展示如何与外部互动。

用例图具体包含以下内容。

（1）用例

用例是系统提供的功能或服务，通常用椭圆形表示。每个用例都有一个唯一的名字，这个名字描述了系统的一个特定功能。

（2）参与者

参与者代表与系统交互的外部个体，可以是人、其他系统或硬件设备。在用例图中，参与者通常用人形图标表示。

（3）关联关系

用例图中的关系包括用例之间的包含（Include）和扩展（Extend）关系，以及参与者与用例之间的交互关系，这些关系通过线条来表示。

8. 活动图

活动图用于描述系统或方法的动态行为，类似于流程图，主要用于捕捉工作流程或业务流程中的步骤和决策点。活动图以图形化的方式展示了系统中活动的执行顺序，具体包含以下内容。

（1）活动和动作

活动图中的活动代表了一个工作单元，通常用圆角矩形表示。动作则是活动中的具体步骤，它们被放置在活动内部。

（2）转移箭头

转移箭头连接了不同的活动和动作，表明控制流的方向。这些箭头可以带有条件表达式，用于描述触发转移的条件。

（3）并发和分叉

活动图支持并发执行，可以使用分叉和合并符号来表示并行执行控制流。

（4）决策节点

决策节点用于表示条件判断，通常用菱形表示。根据条件的不同，控制流会沿着不同的路径继续执行。

（5）信号和事件

活动图还可以包括发送和接收信号或事件的动作，这有助于处理异步行为和通信。

9. 状态图

状态图用于描述对象在其生命周期内响应事件所经历的状态变化，主要描述对象在生命周期内可能处于的各种状态，以及触发状态转换的事件或条件。

状态图具体包含以下内容。

（1）状态

状态通常用圆角矩形表示，代表了对象的某个稳定阶段。

（2）转换

转换用带箭头的直线表示，展示了对象从一个状态到另一个状态的变迁过程。

（3）事件

事件通常是转换的触发条件，可以是时间事件、信号或其他外部刺激。

（4）动作

当特定事件触发时，对象可能会执行某些操作，这些操作可以在转换过程中定义。

10. 顺序图

顺序图展示了对象间的交互以及这些交互发生的时间顺序，主要用于描述系统中对象之间的交互关系，以及这些交互随时间发生的顺序。

顺序图具体包含以下内容。

（1）对象和角色

顺序图展示了参与交互的对象和角色，它们通常沿横向排列，表示消息交换的时间线。

（2）生命线

每个对象或角色下方的垂直虚线代表其生命线，表明对象在交互过程中的存在时间。

（3）消息

对象之间的箭头表示消息的传递，这些消息按照时间顺序从上到下排列。

（4）控制焦点

控制焦点也称为激活条，表示一个对象在处理一个消息时所花费的时间。

（5）自关联消息

有时对象会向自己发送消息，这在顺序图中以特定的方式表示。

11. 通信图

通信图描述系统中对象之间的组织关系和信息传递的方式，强调了参与交互的对象的组织方式。通信图和顺序图包含相同的信息，只是表达方式不同，所以两种图可以相互转换。

通信图具体包含以下内容。

（1）对象

对象表示参与交互的类的实例，通常使用矩形来表示。在通信图中，对象描述了它们在完成某个目标过程中所参与的活动部分。

（2）链

链代表对象之间的关联或连接。

（3）消息

消息是指对象间传递的信息，这些信息通常附有箭头，表明信息的流动方向。

12. 协议状态图

协议状态图适用于描述系统或对象在其生命周期内的动态行为，特别是状态变化和事件响应的过程。

协议状态图具体包含以下内容。

（1）状态

状态表示对象在某个特定条件下的稳定情况，通常用圆角矩形来表示，并包含状态的名称。

（2）转移

转移描述了对象从一个状态到另一个状态的变化过程。在两个状态之间用带箭头的直线表示，箭头上通常会标记引发转移的事件或条件。

（3）动作

当对象进入某个状态或退出某个状态时可能会执行某些动作。这些动作可以在转移过程中加以定义，并且有助于完整理解系统的行为。

（4）组合状态

组合状态用于表示更复杂的状态结构，其中可以包含其他子状态。在需要分层管理状态时非常有用。

（5）进入节点

进入节点代表状态的起始点，由一个带有实心黑色圆圈的点来表示。

（6）自身转移

自身转移是指对象在同一状态下响应事件而进行的转移。

协议状态图示例如图 3.1 所示。

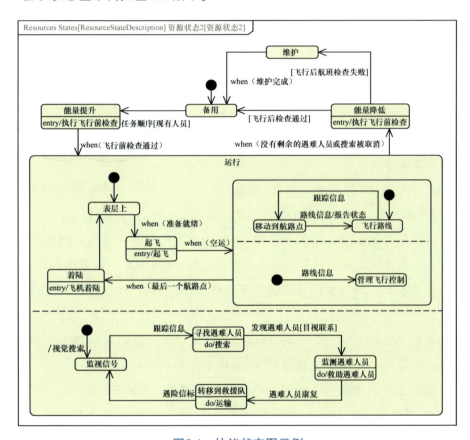

图3.1 协议状态图示例

13. 交互图

交互图描述系统中的信息流以及对象之间的互动关系，展示了对象如何通过消息交换进行交互。

交互图具体包含：参与交互的对象、对象之间的信息流、消息流动的顺序、对象的组织。

3.2 SysML

作为系统工程领域的通用建模语言，SysML 是 UML 的一种形式或者扩展。SysML 可用于描述复杂系统的结构、行为和交互关系。这些复杂系统包含硬件、设备、软件、数据、人员、程序、设施及其他人造系统和自然系统的因素。SysML 的目的是实现系统的规范定义和架构设计，并定义组件的规范，从而让工程师和系统设计师更好地理解、规划、分析和验证系统的需求，更高效地开发复杂系统。

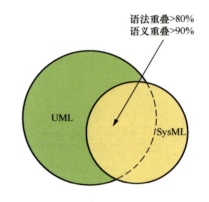

图3.2 UML与SysML的关系

UML 与 SysML 的关系如图 3.2 所示。

与 UML 相比，SysML 在 UML 子集的基础上进行了额外的扩展，添加了一些 UML 中没有的新图和结构，例如参数图、需求图、所需要和能提供的特性以及流程属性等。对 UML 中被重用的部分也进行了一定的改动，可以使符号更适用于系统工程，例如用块的概念替换类的概念等。

因为 SysML 是 UML 的一种扩展，所以 UML 的部分规则在 SysML 中也适用，而当我们学习 SysML 时，也需要阅读 UML 说明中的一些语言规则。

SysML 最初的团队分为两组，每组都制定了单独的规范，起初，两个版本的 SysML 规范都有使用者，2006 年 2 月，OMG 选择其中一个规范作为官方 SysML 的基础，并于 2007 年 9 月正式发布了 SysML v1.0，随后，2008 年 12 月又发布了 SysML v1.1，该版本并无太大的改变，只是修复了一些问题，并对一些细节进行了优化和改进。2010 年 6 月，OMG 正式发布了 SysML v1.2，该版本增加了一些实例规范，并对一些建模符号进行了修改。2012 年 6 月，SysML v1.3 发布，该版本引入了与端口相关的新概念，重新定义了接口的建模，添加了代理端口或完全端口，使所属模块的特征外部化或者与所属模块外部的实体进行通信。SysML v1.4 与 SysML v1.5 分别于 2015 年 9 月和 2017 年 5 月发布，这两个版本只对物理流进行了一些简单修订。

SysML 因 UML 而生，但是 UML 面向软件的本质限制了 SysML 的发展，经过多年的实践，OMG 决定脱离 UML 发布真正面向系统工程的建模语言，即 SysML v2.0。自 2017 年至今，SysML v2.0 已经完成了 3 次修订，并于 2023 年发布了测试版。

SysML 共有 9 种视图，分为四大类——行为图、结构图、参数图和需求图。其中，行为图包括活动图、序列图、状态图和用例图；结构图包括模块定义图、内部模块图和包图。SysML 图分类如图 3.3 所示。

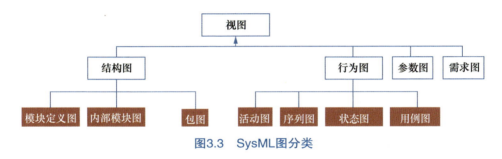

图3.3　SysML图分类

SysML 中的每个图都具有相同的底层结构，主要为每个图提供相似的外观，并简化图与图之间的交叉引用。

每幅图都有外框、内容区域、头部。外框是一个矩形；内容区域是外框包裹的范围，显示模型元素和关系，用户可以在其中部署部件；头部位于图的左上角，显示了图的类型和名称、模型元素的类型和名称。在 SysML 中，图的类型以 SysML 规定的缩写显示：模块定义图（BDD）、内部模块图（IBD）、用例图（UC）、活动图（ACT）、序列图（SD）、状态机图（STM）、参数图（PAR）、需求图（REQ）、包图（PKG）。

图的名称由用户设置，接下来的信息是模型元素的类型和名称。这里所创建的每一个图都代表已经定义的某个元素，即每个图代表了模型中的一个元素，表现在头部信息中。SysML 如此设置的原因在于：图所代表的模型元素会为图中所显示的元素定义命名空间，也就是模型层级关系中的容器空间，方便用户理解图中元素在模型中是如何分布的，有助于用户的查找。

3.2.1 结构图

任何 SysML 图都必须有结构和行为这两个部分，结构图包括模块定义图、内部模块图和包图。

1. 模块定义图

模块定义图通过图形符号展示了模块之间的层级关系和继承关系。模块可以代表系统中的物理模块、软件模块、子系统或者其他抽象概念。每个模块都可以有对应的属性、操作和行为。

模块定义图示例如图 3.4 所示，模块定义图常用于描述系统的整体结构，以及系统中包含的各个组件。在模块定义图中显示的模型元素有模块、执行者、值属性、约束模块、流说明、接口等，这些模型元素会出现在其他 8 种 SysML 图中，并成为构成其他 8 种 SysML 图的基础。这些模块元素之间的结构关系也非常重要，包括关联、泛化和依赖等，灵活运用这些关系可以更好地构建一个系统。

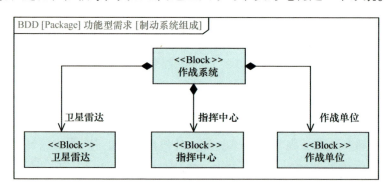

图3.4 模块定义图示例

模块是 SysML 的基本单元，对应了系统中的任意实体，可以使用模块对系统中的实体进行建模。如图 3.5 所示，模块通过带有 <<block>> 标识的矩形框标识，后面带有用户自行设置的模块名称。另外，还可以通过可选的其他分隔框来表示模块的其他属性。

模块定义图的属性包含结构属性和行为属性，结构属性包括值属性（value）、组成部分属

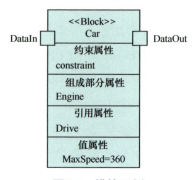

图3.5 模块示例

性（part）、引用属性（reference）、约束属性（constraint）和端口（port）。行为属性是对系统或结构行为的表达，具体有操作（operation）和接收（reception）。

（1）值属性

值属性通常表示模块的静态特性，包含简单的数据类型，如整数、字符串、布尔值等。例如，如果有一个名为"Car"的块，它的值属性"MaxSpeed"表示汽车的最大速度。

（2）组成部分属性

组成部分属性是模块定义图中用于描述模块内部组成关系的属性，它表示一个模块内部包含其他块或组件。这种属性可以将一个模块作为其类型，从而表示模块之间整体与部分的关系。例如，如果有一个名为"Car"的模块，它可以包含组成属性"Engine"，将其类型指定为另一个模块"Engine"，表示汽车内部包含引擎组件。

（3）引用属性

引用属性是模块定义图中用于描述模块之间引用关系的属性。它表示一个模块引用另一个模块，而不是包含它。这种属性可以用来表示模块之间的关联关系。例如，如果有一个名为"Car"的模块，它可以有引用属性"Driver"，将其类型指定为另一个模块"Person"，表示汽车关联了一个驾驶员。

（4）约束属性

约束属性是模块定义图中用于描述模块上的约束条件的属性。它表示模块或端口上的约束规则或限制。这种属性用于定义对模块或端口的特定行为或取值的限制条件。例如，对于一个名为"Temperature Sensor"的模块，它可能有约束属性"Temperature Range"，指定温度范围的约束条件。

（5）端口

端口是模块定义图中用于描述模块与外部环境之间的交互接口的元素。端口定义了模块对外部的输入和输出点，用于描述模块与其他模块或系统之间的连接和交互方式。例如，对于一个名为"Sensor"的模块，它可能有输入端口"DataIn"和输出端口"DataOut"，用于接收和发送数据。

端口可以代表所需要建模的任意类型的交互点：既可以代表硬件对象边界上的物理对象（龙头、USB 接口、喷嘴、仪表等），也可以代表软件对象边界上的交互点（TCP/IP 插槽、消息队列、数据文件等）。另外，从端口的本质可以看出，它代表了一种"封装"的思想，这是面向对象的最常见且最为关键的特性之一。"封装"有助于降低系统认知的复杂性及系统间的耦合度。SysML v1.2 和 SysML v1.3 的端口类型略有不同，此处不再进行详细说明。

（6）操作

操作通过"operations"进行标识，格式为：<operation name>（<parameter list>）：<return type>[<multiplicity>]。操作名称是由建模者定义的；参数列表由逗号分隔，拥有零个或多个参数的列表；返回值必须是用户在系统模型某处创建的值类型或者模块的名称；多重性会约束操作完成时返回实例的数量；操作是一种调用事件触发的行为，可以具有返回值和输入及输出参数。SysML 中对此不做同步和异步行为的区分，都可以通过"操作"进行表述。

（7）接收

接收通过"receptions"进行标识，格式为：<<signal>><reception name>（<parameter list>）。操作是一种信号事件触发的行为，并且总是代表异步行为，无返回值，参数只有输入，没有输出。注意，标识中的 <<signal>> 是必需的，且接收名称应与模型某处定义的 <<signal>> 模型元素的名称一致。

模块是系统结构化模型的重要部分，而模块之间的关系也同样重要。类似于 UML 的类图间的关系，SysML 的模块间也存在关联、泛化和依赖关系。其中，关联又可以分为引用关联和组合关联。

（1）引用关联

引用关联表示双方存在一种连接，使得双方可以相互访问。SysML 中模块间的引用关联通过实线标识，若实线无箭头，则代表双向访问；若有箭头，则表示单向访问。如图 3.6 所示，模块 A 和模块 B 存在关联关系，模块 A 中有模块 B 的引用属性 b，多样性为 1 个；模块 B 中有模块 A 的引用属性 a，多样性为 1 个。

（2）组合关联

组合关联表示的是一种构成关系，组合段的模块实例由部分端的实例组合而成。

SysML 中的组合关联用带有

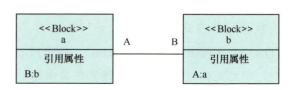

图3.6　引用关联示例

实心菱形的实线标识。没有箭头表示双向访问，有箭头表示单向访问；菱形端是组合端，另一端是组合部分端。如图 3.7 所示，图中模块之间的关系为组合关联。在组合关联的组合部分端显示的角色名称与组合部分属性的名称相关，每个属性由组合端的模块所有，它的类型是组合部分端的模块。

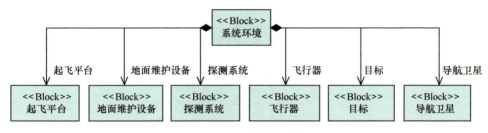

图3.7　组合关联示例

（3）泛化

泛化是模块之间的一种继承关系。它描述了一个更通用的模块和一个或多个特殊化模块之间的关系，如图 3.8 所示。通常，泛化表示一个父模块和一个或多个子模块之间的关系。子模块继承了父模块的属性、行为和关系，且可以添加自己特定的属性和行为。如果用户需要修改通用属性，只修改模型中的某个位置，模型中的所有子类型就会马上更新。

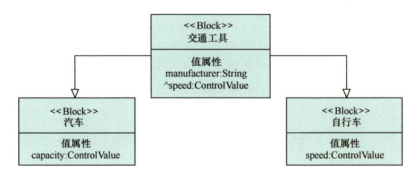

图3.8　泛化示例

例如，一个"交通工具"模块可以是一个泛化模块，而"汽车"和"自行车"可以是特殊化模块。汽车和自行车将继承交通工具的一些共同特征，同时也可以有各自的特定特征。

（4）依赖

依赖是一种使用关系，用于描述模块之间的动态连接。当一个模块的改变可能影响到另一个模块时，就存在依赖关系。依赖关系通常是单向的，其中一个模块（依赖方）依赖于另一个模块（被依赖方）。当依赖关系出现在模块定义图中时，标识是带有箭头的虚线，箭头方向从依赖方指向被依赖方，如图3.9所示。

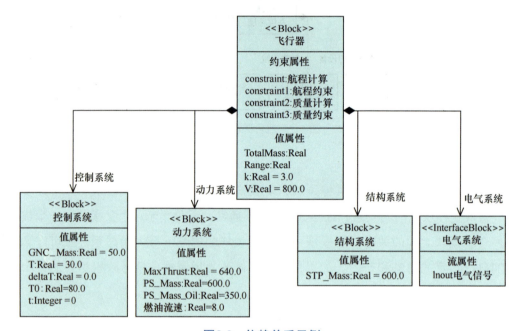

图3.9　依赖关系示例

例如，如果一个系统模块需要使用另一个模块提供的某些数据或功能，那么它们之间就存在依赖关系。当被依赖方发生变化时，依赖方可能需要相应地进行修改。

模块定义图为系统建模提供了一个框架，是后续学习其他图表类型和进行系统工程建模的基础。

2. 内部模块图

内部模块图是SysML中用于描述一个模块的内部组成结构和信息流动的图表类型。它可以看作是模块定义图的补充，通过展示模块内部的组件、端口、项目流等元素之间的关系，帮助系统工程师更详细地了解模块的功能和内部信息流动。

内部模块图的主要特点是将模块看作成一个封闭的黑盒子，通过暴露模块内部的组成和交互，揭示模块的内部运行机制。由于模块定义图定义了模块及其属性，因此可以使用内部模块图来设置模块属性之间特定的一系列连接。内部模块图与模块定义图总是成对出现的。

内部模块图的外框代表用户在系统模型某个区域定义的模块，内框中主要包括模块的组成部分属性和引用属性，以及将它们连接在一起的连接器。图3.10所示的是一个相互补充的内部模块图。

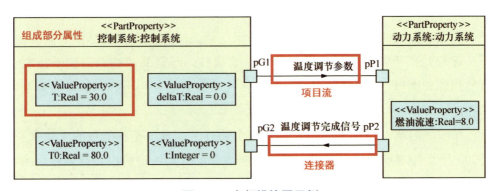

图3.10　内部模块图示例

（1）组成部分属性

内部模块图中的组成部分属性用于表示模块内部的子模块或组成部分。在内部模块图中，系统工程师可以将其他模块作为组件嵌入模块，从而表示模块内部的功能模块或子系统。组件属性有助于构建模块的内部结构，以及理解模块是如何由各个组件构成的。

（2）引用属性

引用属性表示模块引用了其他模块，而不是将其作为组件嵌入模块中。引用属性可以用于描述模块与外部模块的依赖关系或连接关系。通过引用属性，模块可以与其他模块建立关联，实现模块之间的信息交互。

（3）连接器

连接器用于描述内部模块图部件属性之间的连接。在内部模块图中，连接器用实线标识。连接器可以连接两个部件属性，也可以连接两个端口。连接器只说明两个互连的对象可以进行交互，但是没有说明具体的交互情况。连接器的两端具有多重性，通过定义多重性可以用一个连接器描述多个连接。连接器上可以显示流过连接器的物项。绑定连接器是一种特殊的连接器，在参数图中表示两个属性的等值关系。

（4）项目流

项目流表示模块内部的信息流动，通常用于表示模块内部组件之间传递的数据、信号或物质。它帮助系统工程师理解模块内部信息的传递路径，展示模块的信息交互方式，进而更清楚地了解模块内部组件之间的依赖关系和交互行为。

项目流在内部模块图中用箭头来标识，箭头的方向表示信息传递的方向；箭头的起始点通常位于发送项目的组件或端口，而箭头的终点则位于接收项目的组件或端口；项目流的名称可以显示在箭头旁边，用于标识信息的类型或名称。

在模块内部，组件之间可能存在多个项目流，表示不同类型的信息交互。例如，一个传感器组件可能通过项目流将收集的数据传递给控制器组件，控制器再通过另一个项目流将控制指令发送给执行器组件。

总的来说，内部模块图帮助用户深入了解子系统内部组件、端口和项目流，以及系统的结构和组成，并以图形的方式展示了模块之间的连接、依赖和通信，使用户可以清晰地了解各个模块的关联关系。内部模块图作为验证和仿真的基础，可以用来模拟系统的行为，以及评估设计方案的效果、性能和正确性。

3. 包图

包图用于组织和展示系统模型中的元素和关系，将系统模型划分为多个逻辑组织单元，从而更好地管理和理解系统的复杂性。

在包图中，包是基本的构建单元，用于组织和表示模型元素。在系统建模阶段，用户不仅可以依据包图去组织整个系统的环境和架构关系，还可以在每个包中添加模型元素或者图，设计、优化和实现系统的各个方面。同时，包图也支持展示模型元素之间的关系，如依赖关系、关联关系、包含关系等。

如图 3.11 所示，包的标识法是一个文件夹符号（左上角带有标签的矩形）。包只是一系列命名元素的容器，其中部分可能是另外的包。

第 3 章 建模语言

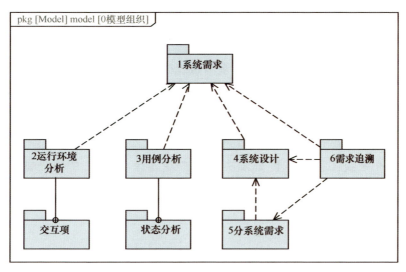

图3.11 包图示例

SysML 定义了 4 种特定类型的包：模型、模型库、特征包和视图包。除了基本的容器功能，每种包都有独特的用途。

（1）模型

模型是 SysML 中最高级别的包，用于表示整个系统模型。它是所有其他包的顶级容器，用于组织系统中的所有元素和关系。模型可以包含多个子包，用于组织系统的不同方面、部分、模块等。

（2）模型库

模型库是用于存储和组织可重用模型元素的包。它可以包含预定义的模型元素，可以在不同的模型中重复使用。模型库中的元素可以用于构建多个不同的系统模型。

（3）特征包

特征包用于组织和描述系统的不同特征或功能。它可以包含用例、需求、接口等元素，以更好地组织和描述系统的不同特点，也可以用于系统分析和设计，从而更好地理解系统的功能和需求。

（4）视图包

视图包用于创建和管理系统模型的不同视图，以便将系统的不同方面呈现给不同的利益相关者。视图可以包含图表、图形和表格等，用于以可视化的方式展示系统的不同层面。视图可以有多个，用于不同的交流和分析目的。

这些特定类型的包有助于组织系统的不同方面、特征、模型元素和视图，使系统工程师能够更有效地管理复杂的系统模型。通过将模型元素放置在适当的包中，可以使模型更具可维护性、可扩展性和可重用性。

通过包图，系统工程师可以将系统模型以一种组织良好、可视化的方式展现出来，帮助团队成员更好地理解和协作，从而提高系统建模的效率和质量。包图在系统工程和软件开发中应用广泛，是 SysML 中重要的建模图表类型之一。

3.2.2 行为图

1. 活动图

在 SysML 中，活动图是一种用于描述系统行为和动态特性的图表类型。

活动图是系统的一种动态视图，说明随着时间的推移行为和事件的发生序列。活动图与结构图相反，结构图为静态视图，无法表达任何动态的时间系统及其环境的变化。活动图则注重通过行为表示对象（事件、能量或数据）的流动，关注对象是如何在行为的执行过程中被访问和修改的。它的主要优势在于可读性，可以表达复杂的控制逻辑，且比序列图和状态图具有更高的可读性。另外，活动图是唯一能够说明连续系统行为的图。活动图示例如图 3.12 所示。

活动图的缺点是其在表达动作的顺序时略显模糊。活动图可以有选择地说明哪种结构执行了哪个动作，但并没有提供任何机制来说明哪个结构触发的是哪个动作，因此需要用其他行为图作补充。

在活动图中，节点和边是构成图表的基本元素，用于表示系统中的活动、任务和控制点。这些元素协同工作，构建了活动图的结构和行为。

（1）节点

不同类型的节点在图中具有不同的功能和含义。节点可以分为动作节点、对象节点与控制节点。

动作节点是为活动基本功能单元建模的节点。一个动作代表某种类型的处理或转换，它会在系统操作过程中活动被执行时发生。

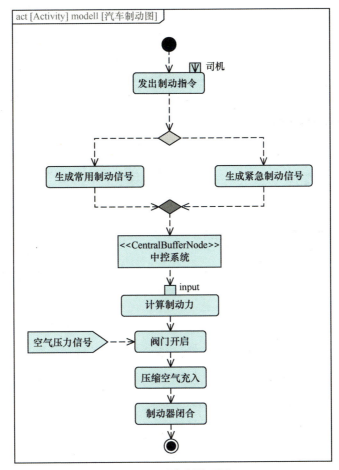

图3.12 活动图示例

除了一些特殊类型的动作节点，大部分动作节点都用圆角矩形来标识，如图 3.13 所示。用户可以在其中输入任何的行为描述，最好一个动作节点中只包含一个命令，例如，"阀门开启和压缩空气充入"是两个命令，应该创建两个连续的动作，即"阀门开启"和"压缩空气充入"。

对象节点是另一种存在于活动图中的节点，最常出现在两个动作之间，用来表示第一个动作产出的对象，而第二个动作会将这些对象作为输入。

对象节点的标识是一个矩形，其名称也是由用户来定义的，如图 3.12 中的"中控系统"就是一个对象节点。对象节点的另一个特性是可以选择显示分隔框，就像模块或者组成部分属性一样，用来表示它所代表的对象的内部属性。

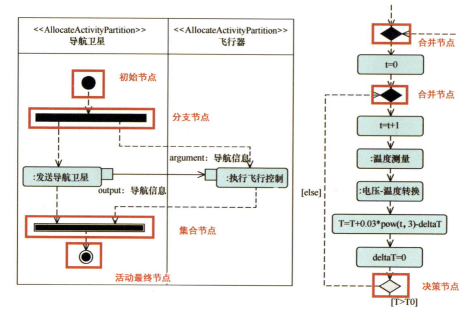

图3.13 各节点示例

使用控制节点可以引导活动沿着路径执行，而不只是简单的序列动作。控制节点有7种类型：初始节点、活动最终节点、流最终节点、决策节点、合并节点、分支节点和集合节点。可以使用这些节点的组合来完成复杂的控制逻辑，以满足系统功能需求。

① 初始节点用于表示活动的起始点，表示任务流程的开始。在一个活动图中，通常只有一个初始节点，用一个黑色实心圆圈标识。

② 活动最终节点用于表示活动的结束点，表示任务的完成。通常用一个带有边框的黑色实心圆圈标识，连接的箭头指向它时，表示任务结束。

③ 流最终节点用于表示控制流的结束点，通常用一个空心圆圈标识，连接的箭头指向它时，表示控制流结束。

④ 决策节点用于表示在不同条件下的决策点。它有多个流出箭头，每个箭头对应一个条件。根据条件的结果，决策节点会选择其中一个箭头进行流转。决策节点通常使用菱形标识。

⑤ 合并节点用于将多个分支的控制流汇聚到一个节点，表示多个任务的合并点。它有多个流入箭头，表示从不同分支流入。合并节点通常使用带有多个箭头的菱形标识。

⑥ 分支节点用于将一个控制流分成多个并行的分支流，表示任务的并发执行。它有多个流出箭头，表示分支的控制流。分支节点通常使用带有多个箭头的条状图形标识。

⑦ 集合节点用于将多个并行的控制流汇聚到一个节点，表示并行执行的任务汇聚点，通常使用条状图形标识，类似于分支节点。它有多个流入箭头，表示多个控制流汇聚。

（2）边

边是活动图中节点之间的连接，表示控制流或对象流的传递。

SysML 中的控制流使用两种标识法：带有箭头的虚线或者带有箭头的实线，为了方便区分控制流与对象流，最好使用带有箭头的实线。控制流用于表示活动节点之间的执行顺序关系。它描述了不同活动节点之间的任务执行顺序，以及在任务之间的条件分支和合并，是活动图中描述活动之间逻辑关系的基本元素，如图 3.14 所示。

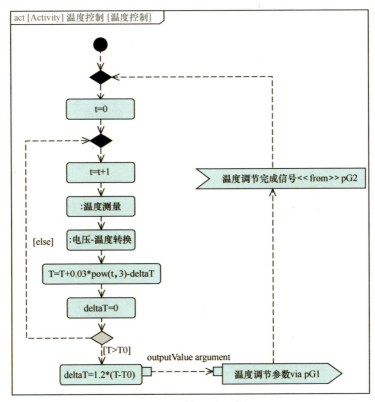

图3.14　控制流示例

控制流与其他节点结合可以实现更多功能，例如，通过决策节点和合并节点表示条件分支和合并；通过分支节点和聚合节点来实现任务的并发执行。

对象流用带有箭头的实线标识，用来连接两个对象节点。对象流用于表示活动节点之间的数据传递或物体传递。它描述了系统中的物体或数据是如何在不同活动节点之间流动的。对象流代表了系统中信息或物体的实际传递，可以表现为输入、输出或中间结果。如图3.15所示。

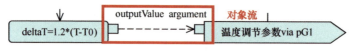

图3.15　对象流示例

（3）活动分区

在活动图中，泳道（Swimlane）是一种用于组织、分组活动节点和控制流的机制，是一个可视化元素，类似于水平或垂直的带状区域。泳道可以将相关的活动、任务和行为划分为不同的部分，从而提高系统建模的可读性，帮助用户更好地理解系统中的不同执行者之间的交互，以及各个部分之间的任务分配。带有泳道的活动图如图3.16所示。

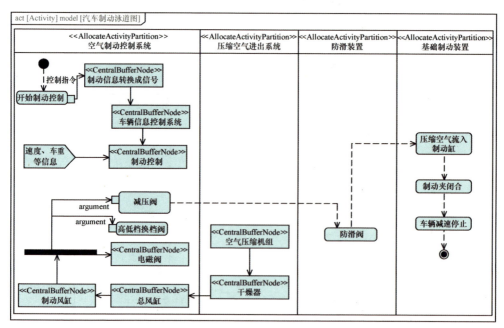

图3.16　带有泳道的活动图

分区是泳道的具体实现，每个泳道对应一个分区。分区通过虚线框标识，用于将活动图中的一部分划分出来。分区可以是垂直的，也可以是水平的，具体取决于泳道的布局。有的软件只支持垂直分区，每个分区可以包含一个或多个活动节点、决策节点、合并节点等节点。

2. 序列图

序列图用于描述系统中对象之间的交互和消息传递顺序，是对行为的精确说明，特别适用于建模对象之间的时序关系，在时间层面上显示对象如何交互和通信，能够帮助系统工程师更好地理解和描述系统的动态行为。序列图示例如图 3.17 所示。用户可以指定交互的时间约束和持续期间约束，使用各种交互操作符来指引交互的执行。

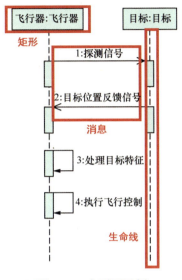

图3.17 序列图示例

序列图可以精确表达程序设计的 3 种前提信息：行为执行的顺序、结构执行的行为，以及结构触发的行为，适合用在详细设计中。当用户需要精确地指定实体之间的交互、系统问题域内的交互或者解决方案域内的交互时，序列图就是一种很好的选择。

（1）生命线

生命线代表交互中参与者的单一实例，会与其他生命线交换数据，用一个附有虚线的矩形来标识，在序列图中显示为上下方向。先发生的事件会显示在生命线中靠上的位置，而后发生的会显示在比靠下的位置。

矩形是生命线的头部，它包含了一个名称字符串，可以标识生命线所代表的组成部分属性。其中，选择器表达式是名称字符串的可选部分，在显示时，它出现在紧挨着生命线字符串后的方括号之中，用于指定生命线代表的特定实例。

交互中的系列生命线表示发生事件的序列，这些序列形成对交互的描述。在生命线上可以出现 6 种类型的事件：消息发送、消息接收、生命线创建、生命线销毁、行为执行开始、行为执行结束。

（2）消息

消息表示对象之间的交互，如方法调用、信号发送等。消息可以从一个对象的生命线上发出，经过一条虚线，然后到达另一个对象的生命线上。它可以带有标签，表示消息的类型或内容。

消息的一般用带有箭头的线标识，消息的尾部与发送生命线连接，消息的箭头段与接收生命线连接。不同类型的消息，其线形和箭头形状会有所不同。一般情况下，发送生命线和接收生命线是两条不同的线。自关联（Self-Message）是一种特殊的消息，表示对象内部的自身操作或交互。在序列图中，自关联从对象的生命线上发出，然后回到同一个对象的生命线。

每当用户创建从一条生命线到另一条生命线的消息时，就同时实现了消息发送事件和消息接收事件的建模。与发送生命线相交的位置，就会存在消息发送事件；与接收生命线相交的位置，就会存在消息接收事件，如图3.18所示。

SysML中定义了6种类型的消息：异步消息、同步消息、回复消息、创建消息、找到的消息和丢失的消息，后两种使用较少，每种消息的标识法都有所不同。

本节主要介绍异步消息、同步消息、回复消息和创建消息。

① 异步消息。

异步消息表示发送消息的对象在发送完之后继续执行，发送方不会等待接收方完成被触发的行为，也不会等待接收方在完成行为时发送回应。

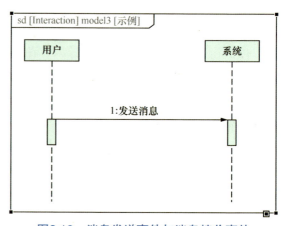

图3.18　消息发送事件与消息接收事件

异步消息用带有开口箭头的实线（由发送生命线指向接收生命线）标识。线上有消息的标签，包括消息的名称和输入参数列表。用户可以选择是否显示输入参数列表。

② 同步消息。

同步消息的发送方在发送消息后会暂停执行，等待接收方完成被触发行为的执行、发送回复消息后,才会继续自身的执行。

同步消息用带有实心箭头的实线(由发送生命线指向接收生命线)标识。同步消息的标签与异步消息的标签相同。

③ 回复消息。

回复消息代表一种标记同步调用行为结束的通信,总是与同步消息一同出现,同步消息完成触发行为后总是会接收一条回复消息。用户为了节省序列图中的空间通常会隐藏回复消息。

回复消息用带有开口箭头的虚线标识,消息的名称必须与相应同步消息的名称匹配。

④ 创建消息。

创建消息代表在系统中创建新实例的通信,用带有开口箭头的虚线标识,消息的尾端与发送生命线相连。值得注意的是,消息的箭头段会和被创建的生命线的头部相连。而生命线创建事件会存在于创建消息与生命线头部的交点处(此处生命创建事件与消息接收事件将会同时发生)。

(3)生命线事件

以下主要介绍生命线销毁、行为执行开始、行为执行结束这3种生命线事件。

生命线销毁事件代表着一条生命线的结束,并且在生命线所代表的系统中销毁该实例。销毁事件用"X"标识,在被销毁的生命线底部显示,并且不附加任何的消息,如图3.19所示。

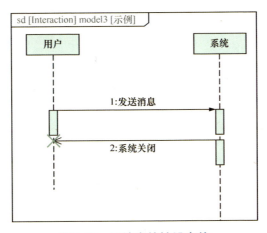

图3.19 系统中的销毁事件

行为执行开始事件一般位于生命线接收同步或异步消息的位置。行为执行结束事件一般位于生命线发送回复消息的位置。SysML 提供了一种可选的执行说明机制来让两个事件变得更加明确，执行说明用一个垂直的矩形标识，其中可能有填充图案。生命线在执行一个行为时，会在交互的一段时间内覆盖生命线。矩形的顶部会被标识为行为执行开始事件，底部会被标识为行为执行结束事件。

（4）约束

在序列图中，约束是一种用于描述系统行为和交互条件的重要元素，能够对序列图中的消息、时序关系或其他交互行为进行限制和说明。约束用于增强序列图的表达能力，确保模型的准确性和一致性。约束通常以文本的形式出现在序列图中，用于标识消息、生命线、操作等，还可以直接附加在相关元素上，以明确描述元素的行为或条件。以下主要介绍 3 种约束：时间约束、期间约束和状态常量，如图 3.20 所示。

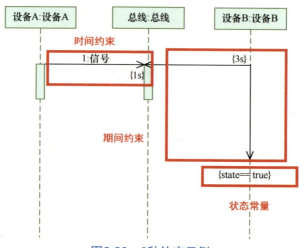

图3.20　3种约束示例

时间约束会指定单个事件发生所需要的时间间隔，当交互在系统操作过程中执行时，指定的单个事件只有发生在时间约束指定的时间间隔中，才能有效地执行。

持续期间约束会指定两个事件发生所需的时间间隔，通常与生命线上的执行说明关联，这里的时间间隔可能是单独的时间值，也可能是持有时间值的属性。当交互在系统操作过程中执行时，只有指定的两个事件发生相隔的时间在期间约束所指定的时间间隔范围中，才能认为这两个事件是有效的。

状态常量用于描述对象在交互过程中的状态条件。它表示一个对象在特定时刻或阶段必须满足的条件,用于限制对象在交互中的状态,确保对象在执行任务期间满足特定的状态条件。例如,"当对象 A 执行操作 B 时,其状态必须为 C"。

(5)组合片段及操作符

组合片段是用于表示序列图中交互片段的容器,能够描述条件分支、循环、并发等情况下的交互行为,包含多个消息和激活条,表示在特定条件下的交互顺序。SysML 中存在一些预定义的组合片段,如分支(alt)、循环(loop)、选择(opt)、并行(par)等,用于不同的交互场景。

组合片段用矩形来标识,通常出现在序列图外框内的某处,在矩形框的左上角会显示交互操作符,操作符是组合片段的关键部分,用于定义组合片段的类型和条件。操作符在组合片段的上方,通常包围在方括号中,并有特定的语法来表示不同的交互结构,如图 3.21 所示。

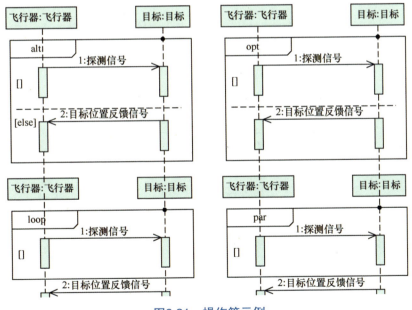

图3.21 操作符示例

以下是一些常见的操作符。

① alt(Alternative):用于表示条件分支,根据不同的条件执行不同的交互路径。

② opt(Option):用于表示可选交互,表示在特定条件下是否执行某个交互。

③ loop（Loop）：用于表示循环结构，表示交互将重复执行多次。

④ par（Parallel）：用于表示并发执行，表示多个交互在同一时间段内同时进行。

通过使用组合片段和操作符，序列图可以更准确地描述系统中的复杂交互和动态行为。它们允许用户定义不同的交互路径、条件和结构，从而更好地表达系统的行为逻辑。

3. 状态图

状态图可以帮助用户清晰地表示对象在不同状态之间的行为变化，以及外部事件如何触发状态转换。相较于前两种视图，状态图更关注系统中的结构如何根据随时间发生的事件而改变其自身状态，但状态图能够描述行为的模块，都必须真正拥有定义好的状态。状态图示例如图 3.22 所示。

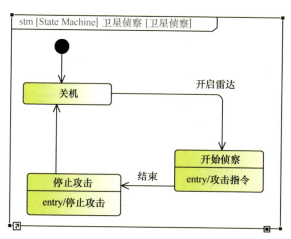

图3.22　状态图示例

（1）状态

在状态图中，状态可以根据其性质和特点分为 3 种类型：简单状态、复合状态和最终状态。每种状态类型都具有不同的含义和用途，用于描述对象的行为和状态之间的转换，如图 3.23 所示。

① 简单状态。

简单状态表示对象或系统的一个基本状态，是不可分的、不包含任何内部状态或子状态的。它用一个圆角矩形标识，通常标有状态的名称。在状态图中，简单状态代表对象在特定时间点的单一状态，可能是离散的，如"开启""关闭"，也可能是连续的,如"运行中"。

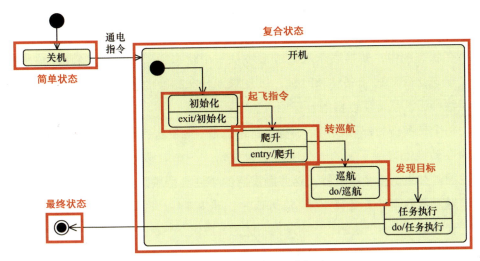

图3.23 状态类型示例

SysML 定义了 3 种状态可以执行的行为:entry、exit 和 do。它们都显示在状态的第二个分隔框中,每种行为都处于一种特定状态:entry 行为是进入某种状态所执行的第一个行为,并且不可中断,这也就意味着在状态转换到另一种状态前,要确保该行为执行完成;exit 行为是离开某种状态之前执行的最后一个行为,当事件状态转换到新的状态时才会执行,和 entry 行为一样,一旦开始就不可中断;do 行为会在进入状态时开始执行,在状态执行 entry 行为后,do 行为的执行可能会因新事件而发生中断,并可能转换到新的状态。

② 复合状态。

复合状态表示对象或系统的一个复杂状态,可以包含多个内部状态或子状态。复合状态用一个大的圆角矩形标识,通常标有状态的名称。在状态图中,复合状态是对象在特定时间段内多个可能的状态之一。复合状态内部可以包含多个简单状态、复合状态,从而描述更详细的行为。

③ 最终状态。

最终状态表示对象或系统的结束状态,用一个大圆圈包围小的实心圆标识,通常标有状态的名称。在状态图中,对象一旦达到最终状态,将不再进行状态转换,表示任务或活动的完成。

这 3 种状态类型共同构成了状态图中的状态集合。通过正确地使用这些状态类型，用户能够更清晰地描述对象的行为和状态变化。

（2）转换

在状态图中，转换表示对象或系统从一个状态到另一个状态的行为。它定义了状态之间的过渡条件和时机，以及触发状态转换的事件，用带有开放箭头的实线标识，从源顶点指向目标顶点。

每个转换行为都可以指定 3 种可选的信息：触发器、守卫和影响。这些信息片段在转换上方或下方的一个字符串中显示。一个转移行为可以有一个或多个触发器。如果有多个触发器，这些触发器的事件类型原则上应该相同。

触发器的事件类型有 4 种：信号事件、调用事件、时间事件、变更事件。

守卫是一个布尔表达式，用来判断值为真或假。当状态接收一个与触发器匹配的事件发生时，只有守卫判断值为真，转换才会执行，如果值为假，则转换不会执行，可以理解成常见代码逻辑中的 if 条件语句，即满足 XX 条件则执行相应的动作。

影响是在转换过程中执行的行为，它可以是一个不透明表达式，也可以是用户在系统模型中定义的行为，这可能包括一个活动，一个交互或者一个完整的状态，如图 3.24 所示。

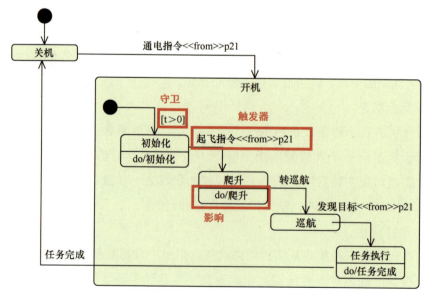

图3.24　状态转换示例

4. 用例图

SysML 中的用例图与 UML 中的用例图类似，是一种行为图表类型，用于描述系统与外部参与者之间的交互，以及系统的功能需求。

用例是系统将会执行的一种行为，因此用例的名称是一个动词短语，系统所执行的所有行为并非都是用例。它只是系统行为的子集，是外部执行者能够直接触发或者参与的行为，执行者可以是一个人或者外部系统，执行者和系统之间存在接口。触发用例的执行者被称为执行者，参与到用例中的执行者被称为次执行者。

如图 3.25 所示，用例图的元素包括执行者、用例等。

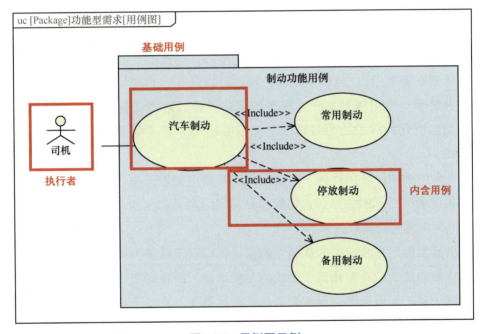

图3.25 用例图示例

（1）执行者

在用例图中，执行者是指与系统交互并参与系统功能的外部实体。执行者可以是人、其他系统、设备、外部组织等，在系统中扮演着特定的角色，与系统的功能和用例产生交互。执行者的引入有助于系统工程师理解系统的外部环境、用户需求，以及与系统交互的方式。

执行者有两种标识法：火柴人或者是名称前面带有<<actor>>关键字的矩形。这两种标识法从规定上来说，代表人或系统都是合理的，通常火柴人用来标识人，矩形用来标识系统。

和模块定义图中一样，可以在用例图中显示执行者之间的泛化关系，它意味着子类型继承了其超类型所有结构化和行为特性。如果超类型和一个用例有关联，那么子类型也会继承这种关联，并能够访问这个用例。

（2）用例

用例是描述系统功能或行为的场景或情景，提供了系统的高级视图，帮助系统工程师理解系统如何与用户互动。它代表了系统的一个特定功能点，通常从外部用户或参与者的角度来描述系统的使用情况。每个用例都描述了一个用户或参与者的目标，以及系统如何响应以满足该目标。

用例图用一个椭圆形标识，可以用一个动词短语显示用例的名称（一般将名称放在椭圆中）。与模块相同，用例可以泛化，也可以特殊化。用户可以创建并显示一个用例到另一个用例的泛化关系，这些泛化关系可以起到继承的作用。泛化的标识法也与模块定义图中相同，是末尾带有空心三角形箭头的实线。

在用例图中，基础用例、内含用例和扩展用例用于描述系统功能和交互的不同类型用例之间的关系。它们能够更详细地定义和组织、系统功能，以及展示不同用例之间的依赖关系。

基础用例是系统功能的最基本的描述，它表示系统为用户或参与者提供的最基本的功能点。通常涵盖了系统的主要功能，而且它们可以与其他用例产生有关联关系，是用例图中最主要的功能描述单元，有助于构建系统的高层功能视图。

内含用例表示一个用例在另一个用例内部被包含或引用。它本身是一个完整的、可以独立执行的功能，但也可以作为子功能在另一个用例的上下文中使用。内含用例通常是基础用例的拆分或组成部分。它与其他用例之间通过包含关系连接，用虚线箭头标识，其附近带有关键字<<include>>。

扩展用例表示一个用例可以在另一个用例的基础上进行扩展，以添加额外的功能或步骤，通常描述某种条件或情况下的特殊情形。当满足特定条件时，扩展用例可以在基础用例的流程中添加一些额外的步骤。它与其他用例之间通过扩展关系连接，用虚线箭头标识，其附近带有关键字 <<entend>>。

在具体应用时，主执行者应该只与代表其目标的基础用例关联，当多个基础用例执行一个通用步骤时，这些通用的行为就会被重构，表示为一个内含用例，这对于扩展用例也同样适用。

3.2.3 参数图

参数图用于描述系统内部的参数、数据流以及它们之间的关系，表示系统中的不同部分之间的数据传递、交换和共享，以及参数之间的依赖关系。简单来说，参数图用于说明系统的约束，这些约束一般以数学模型的方式表示，如图3.26所示。

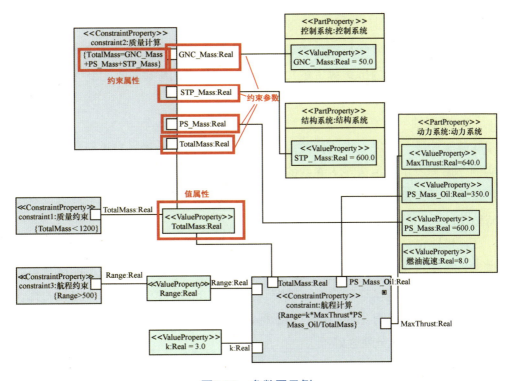

图3.26 参数图示例

高级建模中，在模型某处的模块应用约束表达式，然后指定模块值属性的固定数学关系，这是一项必不可少的操作，可以检测额外条件的出现，也可以获取输出信息。

使用参数图一般有两种目的：一是显示不同约束表达式中参数之间的绑定关系，创建等式或不等式的复合系统；二是显示约束参数和值属性之间的绑定关系，以向模块应用约束表达式。

在 SysML 中，参数图被定义为一种特定的内部模块图，它会显示模块的内部结构，但主要用于显示值属性和约束参数之间的绑定关系。

1. 约束属性和约束参数

约束属性的类型由用户在模型某处定义的约束模块决定。在模块定义图中，约束属性在模块的约束分隔框中以字符串标识。然而，在参数图中，约束属性可以标识为圆角矩形。标识在圆角矩形中的字符串的格式与约束分隔框中的字符串格式相同。

约束参数就是显示在约束表达式中的变量。在参数图中，约束参数会显示为附着在约束属性内部边缘上的小方块。当图代表约束模块时，约束参数还可以附着在参数图的外框上。

2. 值属性

值属性是一种用于描述参数或部件的实际取值的元素。它表示参数的具体实例，用于表示特定情境下参数的具体数值、状态或属性，值属性在参数模型的情境下具有重要作用，因为它们为约束参数提供了值，从而可以对约束表达式估值。

在模块定义图中，值属性在模块的值分隔框中标识为字符串；在参数图中，值属性会标识为带有实线边的矩形，标识在实线边矩形中的字符串的格式与约束分隔框中的字符串格式相同。需要注意的是，值属性和组成部分属性的标识法相同，都是用带有实线边界的矩形标识。它们之间的区别是值属性会与约束参数绑定，组成部分属性则不会。

3.2.4 需求图

SysML 提供了专用的需求图，用于描述系统需求及其之间的关系，帮助捕获、组织和管理系统的需求，确保系统开发满足预期的规范和要求。需求图主要用于需求工程，表达系统的功能需求、性能需求、约束条件和其他相关需求，是 SysML 中的主要媒介，可以向用户传达这些信息。

需求图示例如图 3.27 所示，描述了构造列车模型的部分需求及需求之间的关系。

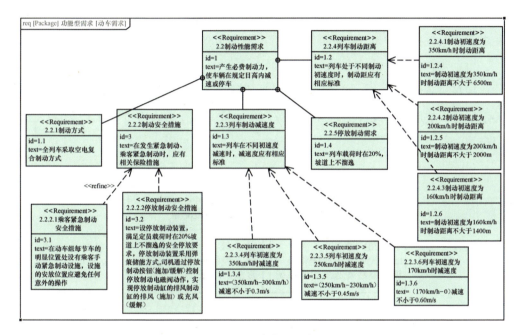

图3.27　需求图示例

需求图的具体内容如下。

1. 需求

需求图的核心部分是需求。在 SysML 中，需求以带着特殊标签 <<Requirement>> 的矩形表示，矩形里还包含用户自行设置的需求名称。此外，所有需求都有由 SysML 预定义的两个属性：id 与 text。id 属性用于保存需求的唯一标识符，text 属性则用于保存需求的描述文本。每个需求模块里都有对应的 id 和 text，在图 3.27 中的 2.2.3 列车制动减速度需求模块里，"id=1.3" 是其需求细分编号，而 "text=列车在不同初速度减速时，减速度应有相应标准" 是对该需求模块的具体描述。

需求还可以被分解为一个或多个子需求，例如当需求范围很大时，可以将其分解为几个相关的子需求。从图 3.27 中可以看出，部分需求进行了细化分解，它们之间通过包含关系来表示。所以，需求之间的关系也非常重要。

2. 需求关系

在向模型增加新元素时，用户会创建一种关系，即从这些元素指向驱动创建它们的需求，通过这种方式来确立需求的可跟踪性。常用的需求关系类型有包含、跟踪、继承等。通过这些需求关系，可以建立一个需求跟踪链，当需求发生变更时，执行自动下游的影响分析，从而节省大量时间和成本。

（1）包含关系

包是一种命名空间，它可以包含模型层级关系中的其他已命名的元素，包含关系的标识法用十字准线标识法（带有包含加号的小圆圈的实线）表示，如图 3.28 所示。

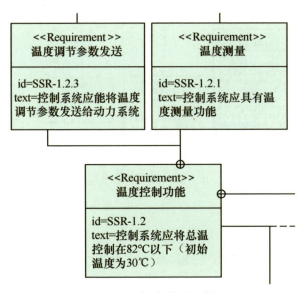

图3.28　包含关系示例

（2）跟踪关系

跟踪关系是一种依赖关系，通常用带有开口箭头的虚线标识，在上面有 <<Trace>> 元类型，如图 3.29 所示。跟踪关系可以被其他关系替代，因此不经常用到。

（3）继承关系

继承关系的标识与跟踪关系一样，但是它拥有 <<DeriveReqt>> 元类型。它允许子需求继承父需求特定的属性、条件或限制，从而有效地管理需求体系结构。这种关系在系统工程中具有重要作用，它能够提供更清晰的需求分层，减少冗余的定义，同时保持需求的一致性，如图 3.30 所示。

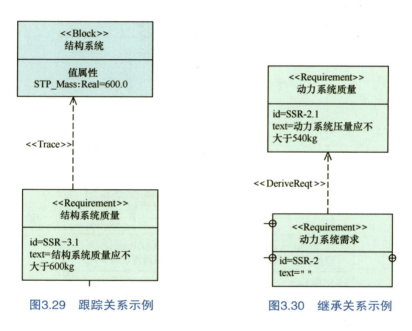

图3.29　跟踪关系示例　　　图3.30　继承关系示例

通过继承关系，系统工程师可以将高级需求的共享属性传递给子需求，避免重复定义相同的需求条件。这有助于更好地管理复杂的需求网络，确保不同层次需求之间的一致性和关联性。继承类型（如部分继承、完全继承）提供了灵活性，使子需求可以在继承父需求的基础上进一步定制。

（4）其他依赖关系

依赖关系除了上述两种，还有改善关系、满足关系、验证关系，它们对应的元类型分别是 <<Refine>><<Satisfy>><<Verify>>。改善关系用于表示一个需求如何对另一个需求进行改进或修正；满足关系用于表示一个需求是如何满足另一个需求的；验证关系用于表示一个需求如何通过测试、分析或评估来验证它是否被满足，如图 3.31 所示。

总之，这些关系在需求图中的应用有助于更好地管理需求、理解需求之间的依赖关系，并确保系统满足预期的功能和性能要求。

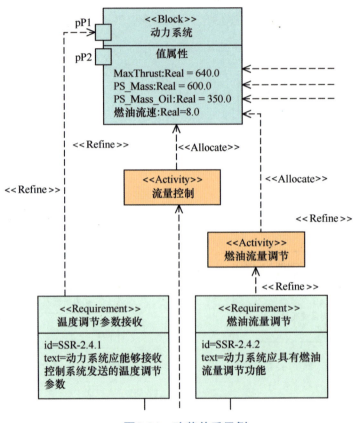

图3.31 改善关系示例

3. 需求关系标识法

对于需求关系在图中的标识，SysML 提供了直接标识法、矩阵标识法和表格标识法等。包含关系只能使用十字准线标识法和限定名称字符串标识法，依赖关系则可以在不同情况下选择合适的标识法。

直接标识法包括带有开口箭头的虚线，旁边有表示特殊关系的元素类型。

它的优势是比较直观,缺点是占据了太多空间,如图 3.32 所示。

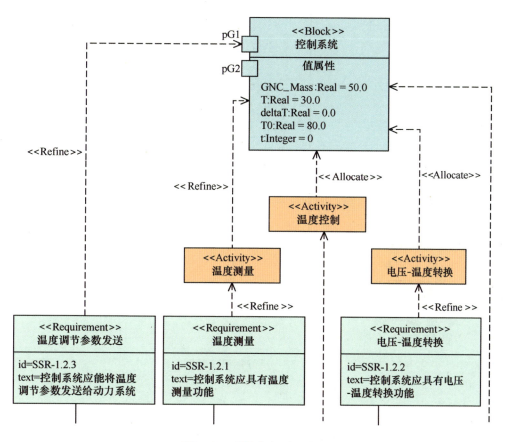

图3.32 直接标识法示例

矩阵标识法在系统工程文档中非常实用,它是用最少空间表示多种关系的最佳机制。因为矩阵格式并没有在 SysML 规范里面明确定义,所以不同的建模工具会以不同的方式实现矩阵标识法。这种标识法的缺点是不会显示元素的特性,仅止于它们之间的关系,如图 3.33 所示。

表格标识法和矩阵标识法类似,但是表格标识法可以显示元素的属性和它们之间的关系。如图 3.34 所示。

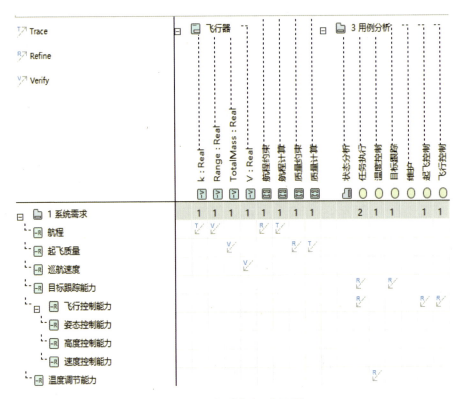

图3.33 矩阵标识法示例

#	name		Text
1	SSR-1 控制系统需求		
2		SSR-1.1 控制系统质量	控制系统质量应不大于50kg
3	SSR-1.2 温度控制功能		控制系统应将总温控制在82℃以下（初始温度为30℃）
4		SSR-1.2.1 温度测量	控制系统应具有温度测量功能
5		SSR-1.2.2 电压-温度转换	控制系统应具有电压-温度转换功能
6		SSR-1.2.3 温度调节参数发送	控制系统应能将温度调节参数发送给动力系统
7	SSR-2 动力系统需求		
8		SSR-2.1 动力系统质量	动力系统质量应不大于540kg
9		SSR-2.2 最大推力	动力系统发动机最大推力应不小于640N
10		SSR-2.3 满载燃油量	动力系统满载燃油量应不小于350kg
11	SSR-2.4 流量控制功能		动力系统应能够根据温度调节参数控制燃油流量（初…
12		SSR-2.4.1 温度调节参数接收	动力系统应能够接收控制系统发送的温度调节参数
13		SSR-2.4.2 燃油流量调节	动力系统应具有燃油流量调节功能
14	SSR-3 结构系统需求		
15		SSR-3.1 结构系统质量	结构系统质量应不大于600kg

图3.34 表格标识法示例

第 4 章

建模工具 SysDeSim.Arch

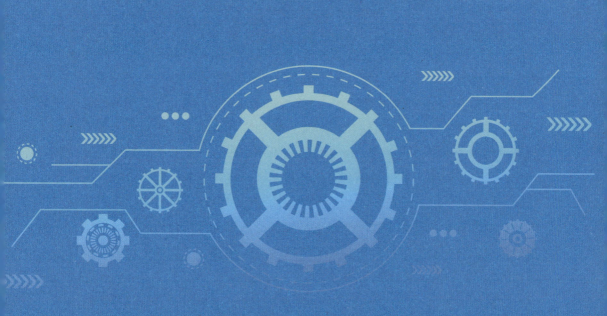

4.1 概述

4.1.1 SysDeSim.Arch 建模流程和模型框架

SysDeSim 系列软件提供了丰富的集成开发接口，支持与对抗仿真推演、多学科综合设计优化、通用质量特性分析、场景可视化分析等工具软件及产品数据管理（PDM）等系统软件的紧密集成，本书主要介绍系统架构设计工具 SysDeSim.Arch 及系统运行可视化仿真工具 SysDesim.Rvz。

使用 SysDeSim.Arch 进行建模通常分为两个阶段，第一个阶段是自上向下的正向设计与分解过程，通过系统建模语言 SysML 对系统的整体需求、功能、行为、结构等进行图形化建模，用图形的语言表达整体设计，将用户的需求转换为系统需求，再通过系统的功能与架构精准、全面地实现这些需求，完成从需求到功能的映射。第二个阶段是自下向上的综合与验证过程，即在生产制造阶段，通过结合各种仿真及建模软件（UE4 等），对第一个阶段建立的各类模型进行测试和验证。

SysDeSim.Arch 的本质就是通过各类模型驱动系统的整个研发过程，形成一个完整的模型体系，贯穿系统设计周期。SysDeSim.Arch 对研发过程的每个环节都通过相应的模型进行管理，并通过这些模型去表达产品需求、功能设计、架构设计的整个流程，实现数据的可追溯性。可以将系统建模流程分解为需求分析、功能分析、行为分析、结构分析（架构分析和物理设计），在整个流程中，应对每个物理对象和每个物理系统进行实例化建模，生成对应的系统模型，实现对系统需求、功能、行为和结构等不同层级的建模，然后基于这些模型实现相应的设计、分析、验证等活动。

如图 4.1 所示，在需求分析阶段，需要先分析工程各利益相关方的需求，将各利益相关方的需求转换成系统研发的需求并且建立需求模型，然后建立需求和各利益相关方的追溯关系，保证每个需求的必要性和可追溯性。建立顶层需求和细分需求，以及细分需求内部的追溯关系，保证需求与设计的一致性。这一阶段通常涉及 SysML 中的需求图和用例图，在分析需求后建立相应的需求条目，并根据需求构建相应的用例。

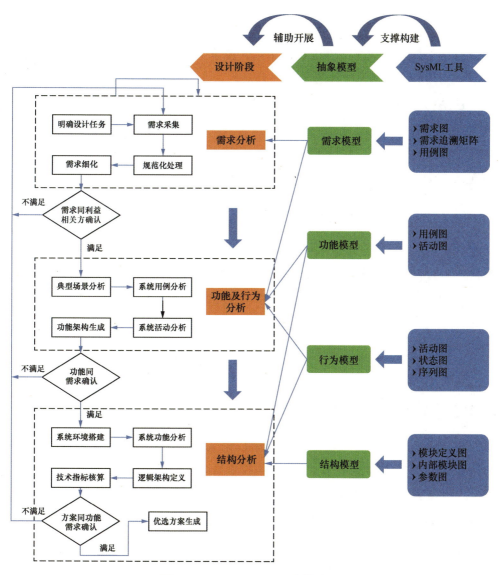

图4.1 SysDeSim.Arch建模流程

在功能及行为分析阶段，需要明确在不同需求和不同运行状况下系统的活动规划，准确分析并建立系统用例，将工程各利益相关方、系统需求和系统功能关联，通过对不同层级用例进行细分实现系统功能的逐级分解，完成利益相关方、系统需求和系统功能的互相追溯。结合系统结构，利用活动图、序列图和状态图描述某个功能的实现流程，明确活动流程中子系统或内部模块信息的交互，这样每一条系统需求的来源和后续关联信息都可以被追溯。若顶层需求发生变化，就可以快速定位相关需求项，确定关联的功能，这有利于分析需求变更的影响，提升需求的可追溯性。

在结构分析阶段，基于功能需求构建内部模块图定义系统架构，即组成系统的不同子系统或功能模块。参数图和模块定义图互相配合共同描述子系统或内部模块的层次结构、物理参数和信息交互。对每一个系统需求重复上述过程，直至所有需求都可以被相应的物理架构满足。各级系统自下向上逐级综合，最终形成整个工程的物理架构，即设计方案。

此外，在系统验证阶段验证模型设计思路的正确性，确保模型的可用性和准确性，降低了后期阶段，以及整个系统认知和开发层面的风险，保证了设计的模型在软件系统开发阶段的正确性，对整个工程具有指导作用。

搭建模型框架是从建模开始的，SysML 通过包图组织整个模型数据（如图 3.11 所示）。对于一个典型的系统建模过程，通常包含系统需求、运行环境分析、用例分析、系统设计、分系统需求和需求追溯六大部分，对其分别建模，作为组织模型框架。

4.1.2 SysDeSim.Arch 的基础功能

SysDeSim.Arch 提供基于图形化建模语言（SysML、BPMN、UML）的复杂产品设计方案快速生成与仿真。它不仅支持多人在线协同进行系统架构建模、软件架构建模和业务流程建模，还提供了活动、状态、顺序、参数、用户界面、配置仿真等功能，能与 Matlab、FMI 等工具联合仿真，可对产品设计逻辑（包括原理、流程、指令时序、接口等）进行匹配分析和多方案权衡，实现了需求规范可追溯、方案合理可验证、指标闭环可联动。

在使用 SysDeSim.Arch 进行建模的过程中，模型视图作为组织和编辑 SysML 元素的重要入口，使用户可通过模型浏览器直接对元素进行维护。在模型中，任意一处的更改都将自动同步到相关联的元素与视图中，保证了信息的一致性与唯一性。SysDeSim.Arch 的用户界面包括主菜单、主工具栏、模型浏览器、图选项卡、图元素工具栏（绘图面板）、绘图窗口和仿真窗口等，如图 4.2 所示。

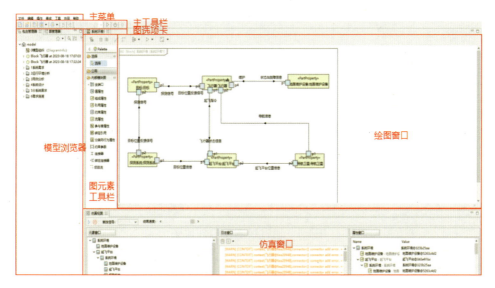

图4.2　用户界面

1. 创建图

SysDeSim.Arch 支持两种创建图的方式。

（1）在模型浏览器中创建图

在模型浏览器中，选择元素（新图的所有者），单击鼠标右键，打开快捷菜单，单击"创建图"，在列表中选择要创建的图类型，则将在所选元素下创建新图，如图 4.3 所示。

（2）在绘图窗口中创建图

在绘图窗口中，选择元素（新图的所有者），单击鼠标右键，打开快捷菜单，单击"创建图"，选择要创建的图类型，则将在模型浏览器中相应的所有者元素下创建新图，且新图将自动在绘图窗口中打开，如图 4.4 所示。

图4.3　在模型浏览器中创建图

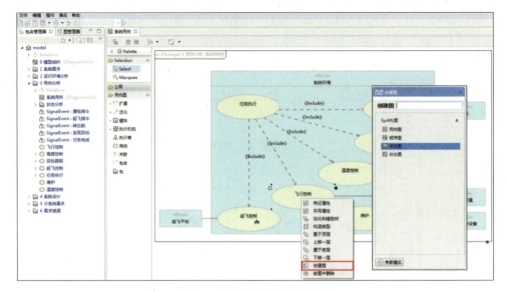

图4.4 通过绘图窗口创建图

因语义约束，可创建的图类型受所选元素（所有者）类型的限制。在 SysDeSim.Arch 中，SysML 视图与支持其创建的元素类型间的对应关系见表 4.1。

表4.1 SysDeSim.Arch中支持各SysML视图创建的元素类型

序号	SysML 视图	支持创建的元素类型	备注
1	BDD	package model block	
2	IBD	block constrainBlock	
3	UC	package model	
4	ACT	Activity	允许在包、模型、模块元素下创建相关图，SysDeSim.Arch 会自动补充所有者元素
5	SD	Interaction	
6	STM	stateMachine	
7	PAR	block constrainBlock	
8	PKG	package model	
9	REQ	package model	

新创建的图将自动以其所有者元素的名字＋顺序编号的方式命名。在模型浏览器中选择该图，按＜F2＞键，或单击鼠标右键，打开快捷菜单，单击"重命名"，进入名称编辑状态，重新指定该图的名称。

2. 创建元素

SysDeSim.Arch 支持两种创建元素的方式。

（1）在模型浏览器中创建元素

在模型浏览器中，选择元素（新元素的所有者），单击鼠标右键，打开快捷菜单，单击"创建元素"，在列表中选择需要创建的元素类型，则将在所选元素下创建新元素，如图 4.5 所示。在模型浏览器中选择该元素，按 < F2 > 键，或单击鼠标右键，打开快捷菜单，单击"重命名"，进入名称编辑状态，重新指定该元素的名称。单击"专家模式"按钮，可创建更多类型的元素。

图4.5 在模型浏览器中创建元素

（2）在绘图窗口中创建元素

在准备创建新元素的位置打开 / 创建图表，从图元素工具栏中选择一个元素拖放至绘图窗口，则将创建相应的元素。同时，元素将被自动添加到模型浏览器中的相应位置，如图 4.6 所示。

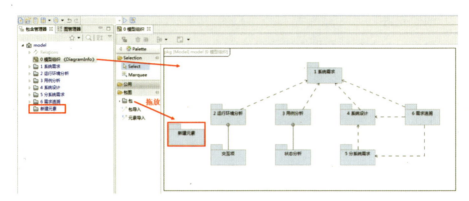

图4.6 在绘图窗口中创建元素

3. 编辑属性

属性窗口是一种重要的元素属性编辑方式。通过在模型浏览器中选择元素或在绘图窗口中选择元素符号,单击鼠标右键,打开快捷菜单,单击"特征属性",在打开的窗口中对元素属性进行编辑。属性列表支持标准、专家、全部和自定义4种显示模式,可以根据需要进行切换,也可通过下方的搜索框对属性项名称进行模糊搜索,如图4.7所示。

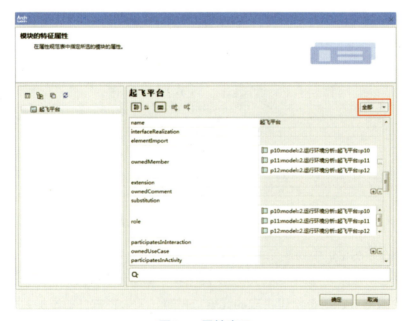

图4.7 属性窗口

SysDeSim.Arch 支持在绘图窗口通过使用鼠标双击元素来编辑其名称、类型、默认值等属性，利用关联联想框"SetType"推荐并快速设置元素类型，如图 4.8 所示。编辑时，通过< Enter >键确认输入，通过< Shift+Enter >键实现回车换行。此外，选择绘图窗口中的元素后，还可以通过关联联想框为元素添加新属性或创建与其他元素间的关联关系。通过绘图窗口编辑元素属性如图 4.9 所示，通过关联联想框编辑元素属性如图 4.10 所示。

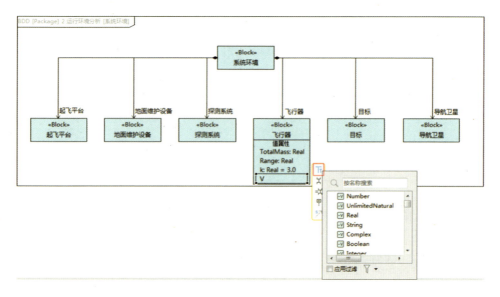

图4.8　设置元素类型

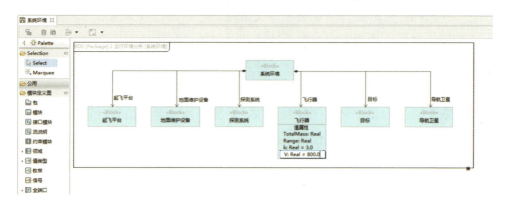

图4.9　通过绘图窗口编辑元素属性

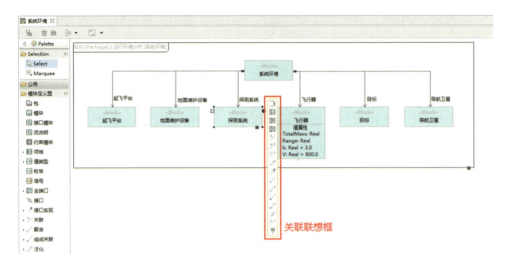

图4.10　通过关联联想框编辑元素属性

4.2 需求分析和建模

需求分析阶段的主要目标是：清晰且有说服力地表明新系统或现有系统进行重大升级时存在的切实需求，以及存在一种合理的方法在可承受的成本和可接受的范围内满足这些需求。在这一阶段，应根据工程各相关方需求，明确定义系统设计需求和设计约束，将各相关方需求进行分类别、分层级的结构化组织和管理。

一般来说，需求设计确认基于传统文档形式，通过口头交互、讨论确认等方式完成，容易导致需求表达得不准确及需求确认不完全、不充分。这可能造成在需求确认阶段多次迭代，无法理清需求中的关键要素，形成混乱的系统需求文本及思路。同时，传统的方法无法自动验证需求，降低了需求阶段的效率，并将需求阶段的问题延续到了开发阶段，对整个系统的开发设计流程造成更大的负面影响。传统文档形式仅适用于需求的文本分析阶段，无法保证需求和模型的关联关系，只能依赖主观方式确认所建模型是否满足需求，没有形成量化指标和自动化测试方案。因此，需要改进传统文本形式的需求设计及确认技术，提高需求分析确认阶段的效率。

在 MBSE 建模过程中，系统工程多为大型复杂工程，如航空航天等领域会使用到 MBSE。很多复杂系统研发失败的原因在于需求分析的不合理及需求确认工作的不完善。结合复杂系统特性，在系统开发的早期阶段进行系统的需求分析和确认是非常有必要的，这对于系统设计及总体开发有重大意义。从图 4.2 的模型框架可以看出，运行环境、用例、系统设计、需求追溯等多个要素都依赖于系统需求，明确整个系统的需求和设计目的对整个 MBSE 建模过程具有重要意义。

在 MBSE 建模过程中，对于需求的分析设计，可以使用需求模型及一系列系统用例模型来完成初步的黑盒设计，并在设计过程中不断迭代改进。应先明确系统的设计任务，识别系统利益相关方，通过各种需求采集方法及需求表、需求图等工具对系统需求进行建模分析，按照需求是否满足相关功能进行细分，通过分解、追溯、组成等关联关系对需求进行管理，得到各需求之间的逻辑关系，并利用约束块对特殊需求进行量化描述。然后，将这些需求转化为系统所需的功能需求，建立需求规格说明书初稿。下面以飞行器为例进行演示，飞行器的需求如图 4.11 所示。

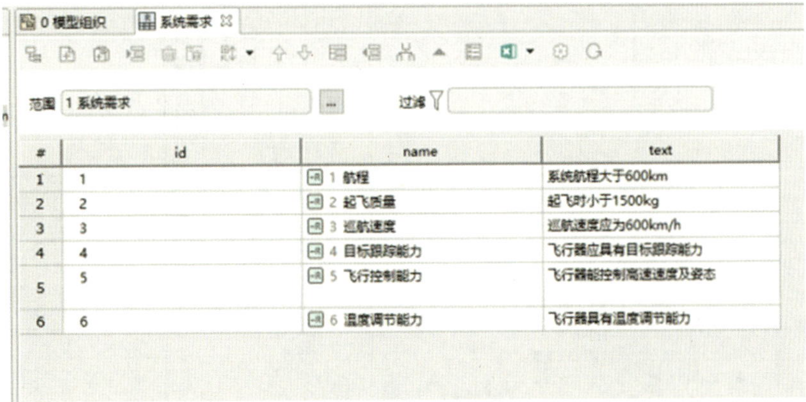

图4.11　飞行器的需求

如图 4.11 所示，每个需求都有独立的编号，"name"栏是需求的名称，"text"栏是对该需求更为详细的描述。若有需要，还可以为每个需求添加单独的子需求，从而更加精确地描述需求。相应地，可以将其表示为需求图形式，如图 4.12 所示。

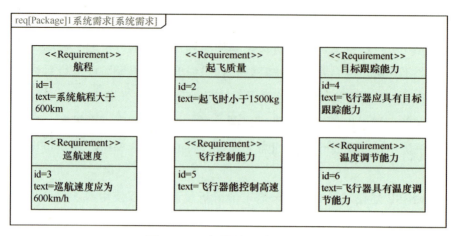

图4.12 飞行器的系统需求图

在实际建模中,一般只需要建立部分需求与设计元素间的关联关系即可,通过矩阵对模型中的关联关系进行可视化展示,可以清晰呈现不同需求之间的关联、依赖和优先级等关系,从而更好地优化优先级、解决冲突,并支持需求管理和分析,最终实现更好的项目成果。需求关系矩阵如图4.13所示。

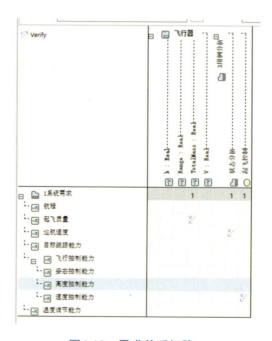

图4.13 需求关系矩阵

使用 SysML 进行需求分析的优点是：当有设计变更需求或新研发任务时，可以基于 SysML 构建的图形化、直观化的系统模型实例，快速完成对模型的增加、删除、修改和查询等操作，大幅提升设计信息的可重用性和研发效率。

4.3 结构分析和建模

结构分析和建模基于需求分析和功能分析结果，建立可以实现系统行为的物理组件、组件间信息和物质交互接口等。可以通过模块定义图定义系统的物理结构、逻辑结构等；使用内部模块图定义各子系统内部结构及其属性，明确系统内模块和其他模块、模块和外部数据的关联关系。

结构建模的重点是分配功能性需求和非功能性需求到具体的结构中。首先，在包图的运行环境中建立整个系统环境的模块定义图，包含起飞平台、地面维护设备、探测系统、飞行器、目标和导航卫星 6 个主要模块，如图 4.14 所示。

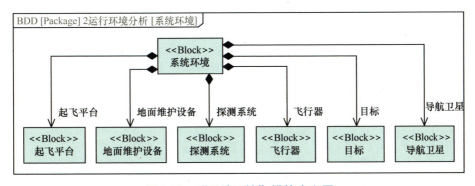

图 4.14 "系统环境"模块定义图

其次，构建本工程使用的所有系统组件，并通过内部模块图进一步描述这些组件之间的关系，通过增加组件之间的信号传递来进一步完善系统。"系统环境"内部模块图如图 4.15 所示。

在模块定义图的基础上，内部模块图进一步解释了各个模块之间的关系，以飞行器模块为例：飞行器的 p1 端口与起飞平台关联，用于接收起飞指令和发送飞行器状态信息；p2 端口与导航卫星关联，用于接收卫星的导航信息；p3 端口与目标关联，用于表示发送探测信号和接收目标位置反馈信号；p4端口则与地面维护设备关联，用于发送状态和故障信息并接收维护信息。

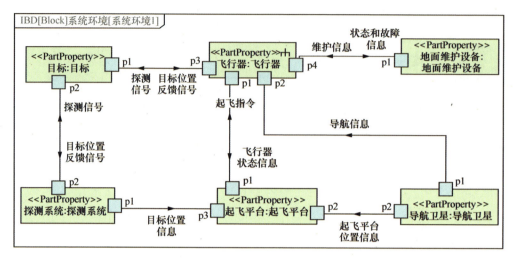

图4.15 "系统环境"内部模块图

模块定义图与内部模块图的结合，使系统内部的协同作业更加清晰，确保了系统组件之间互操作性和功能的实现。至此，一个较为完整的系统结构便搭建完毕，其不仅定义了各个模块，还规定了各个模块的端口，同时定义了各个端口之间传递的信号和信号传递的方向。

再次，定义系统用例，通过用例图详细描述角色的行为，以及角色与用例之间的信息流，为系统的功能及行为打下基础。角色可以是人，也可以是系统，或者是系统外部的一个硬件。由于用例是黑盒视点，因此不会揭示系统的内部结构。

用例图在需求分析阶段和结构分析阶段都具有多重作用：帮助系统工程师从用户和系统之间的交互角度来理解系统的功能需求，通过识别并描述不同用例，即系统各种操作，来捕捉系统应该提供的功能；有助于将系统功能组织成清晰的结构，将不同的用例和外部参与者之间的关系可视化，使系统工程师更好地理解系统的不同部分之间如何协同工作；在系统需求和外部参与者之间建立了清晰的联系，通过用例图，系统工程师可以识别哪些需求与哪些外部参与者相关联，从而更准确地捕捉系统应该满足的不同利益相关者的需求。

图 4.16 是一幅针对飞行器建立的简单的系统用例图，它所需执行的任务包括起飞、飞行、目标追踪等，同时还需控制温度、高度等。对图 4.16 中的用例分析模块进行建模，创建系统环境的用例图。在创建过程中，由于 SysML 的一致性，可以直接将内部模块中的模块拖曳至用例图，并根据需求和结构创建用例。

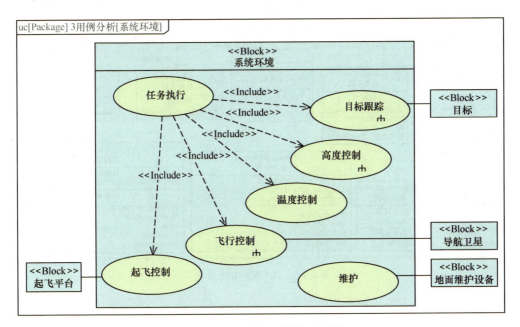

图4.16 "系统环境"用例图

用例不是具体的功能，但可以使用功能。大系统通常要使用 10 ～ 15 个系统用例定义，在最底层级，描述一个用例至少需要 5 个用例场景。为了保证所有需求都被用例覆盖，需要建立对应的跟踪性。

在搭建完系统的整个环境后，需要对每个系统组件进行具体的结构分析和建模。以飞行器为例，需要对飞行器的结构组成、约束等进行分析，并在新的模块定义图中表现出来。飞行器整体结构如图 4.17 所示。

在图 4.17 中，飞行器被分成了 4 个系统，分别是控制系统、动力系统、结构系统和电气系统，每个系统模块有相应的值属性。此外，还构建了 4 个约束模块，分别是质量约束、航程约束、质量计算、航程计算。这些约束模块规定的参数可以限制模块性能、行为和特性，使模块在系统中的功能、互操作性和性能表现满足需求,并通过限制及时发现系统在运行时可能出现的问题,以便后续改进。

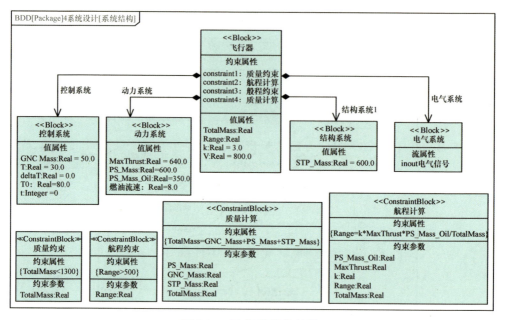

图4.17 飞行器整体结构

这些值属性和约束属性中的参数和 SysML 一样,在整个系统模型中保持一致。因此,飞行器模块创建的参数图能够清晰地展示模块和参数之间的传递和依赖关系,以便系统工程师更好地理解模块之间的相互影响和作用方式。除此之外,参数图还能对其主要技术指标进行初步核算。

"飞行器"参数图如图 4.18 所示,计算模块、约束模块和系统模块紧密相关,例如动力模块中的 MaxThrust 与航程计算模块关联,表明了飞行器的最大推进速度,这个参数传入航程计算模块后,将计算结果 Range 与航程约束模块中的约束属性"Range > 500"进行对比,若满足要求,则说明这个设计是可行的,若不满足要求,则需要重新考虑飞行器和约束条件的设计。参数图运行结果如图 4.19 所示。

对数值参数进行仿真求解,解析表达式求解结果为数值,逻辑表达式求解结果为逻辑值(true/false)。在图 4.19 中,求解结果为绿色表示结果符合设计约束要求;求解结果为红色则表示结果不符合设计约束要求。因此,需要对模块定义图中的值属性进行修改后再次求解,直到相关指标符合相关设计要求。

第4章 建模工具 SysDeSim.Arch

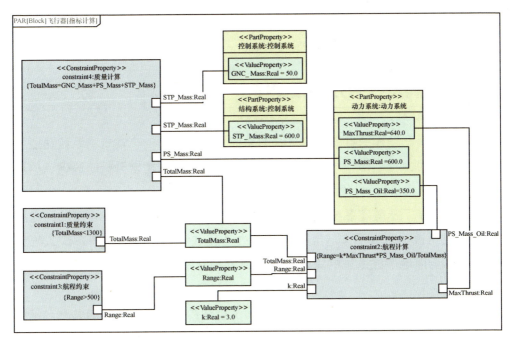

图4.18 "飞行器"参数图

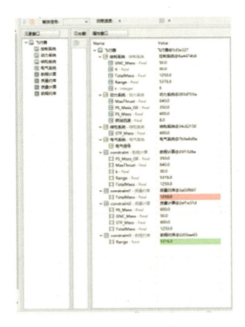

图4.19 参数图运行结果

095

参数图可以帮助设计团队更好地理解模块之间的关系，优化设计方案，评估技术可行性，提前发现问题，最终实现更高质量的系统结构设计。

4.4 功能及行为分析和建模

功能分析和建模的目的是将系统的功能需求转化为一个连贯的系统功能的完整描述和可执行的操作过程。在这一过程中，需要把需求分析阶段确认的用例转化为一个可执行、可验证的模型。

用例显示了从特定系统和利益相关方角度描述的系统的某种需求，这些不同的视角被称为上下文。上下文是在内部模块图中定义的，使系统工程师可以更加全面地考虑系统的需求。图4.20详细介绍了系统功能分析阶段的建模工作流程。

用例图会更加详细地展示上下文之间及模块内部用例彼此间的关系，这种关系就是用例场景。用例场景展示了用例如何通过构建其内部结构之间的联系来满足已分析的需求，这些联系定义了用例所需实现的整体功能。因此，在对具体用例进行功能和行为建模时，可以根据整体功能要求进行细化，逐步拆分并构建出具体的功能和为了实现这一功能的行为。

定义用例模块的行为是功能分析阶段的关键步骤之一，规定了为实现这些功能需要执行的活动，模型的行为包含系统、系统元素及其操作的所有行为。功能分析进一步细分上层功能，形成各个子系统的具体功能。使用SysML可以将需求分析阶段创建的用例图转换为可执行的模型，也就是创建匹配用例图的活动图、状态图和序列图，每种图在描述用例行为时扮演着特定的角色。从根本意义上来说，功能分析是一种黑盒测试的过程，其最终目的是将需求分析阶段确定的利益相关方需求转化为系统的功能需求，进而确定系统的功能架构。

活动图也被称为黑盒用例活动图，描述用例的整体功能流，以活动的方式组织系统的功能需求，并显示这些活动是如何相互关联的。序列图也被称为黑盒用例序列图，使用生命线描述用例的一个特定路径，并定义操作和角色之间的互动。状态图将活动图和序列图的信息汇聚在一起，展示了系统所处的状态及不同优先级的外界影响对系统行为的描述。状态图的基本建模元素包括状态、转换和事件，分别描述了系统在任何给定时间点发生的情况、状态之间的可能路径，以及发生转换的条件。

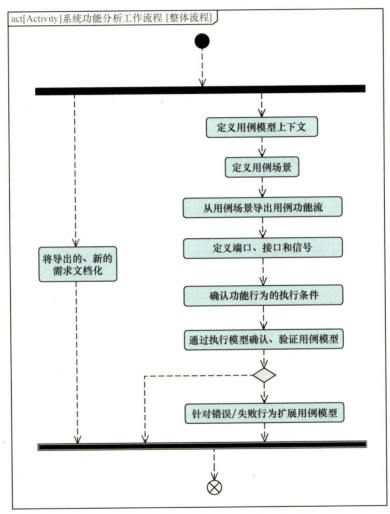

图4.20　系统功能分析阶段的建模工作流程

对于系统功能和行为的定义，可以选择基于序列图、活动图或状态图这3种建模方法。方法1使用序列图对用例功能流进行定义，用序列的方式描述用例的功能和行为。序列图还体现了功能所需的端口、接口和信号，它们在用例模型的内部模块图中有更详细的说明。方法2使用活动图对用例功能流进行定义，直观地展现系统整体的功能流。一旦整体功能流被定义，结合用例模块的端口、接口和信号，就可以完整描述实现功能所需的行为。方法3直接使用状态图对状态的行为进行定义，这种情况下，状态之间的转换体现了用例的行为，如果系统的活动在很大程度上基于状态，则推荐使用这种方法。

无论采用上述哪种方法，在系统功能和行为分析的最后阶段，都需要通过模型执行来确认功能和行为定义过程中是否出现错误。使用SysML建立的模型具有一致性，如果在定义过程中存在输入错误或连接错误，系统会在执行模型时报错。

在基于用例的系统功能分析过程中，新需求被识别或用分析导出的需求细化高层次需求都需要文档化。系统的需求和功能分析是一个不断迭代的过程，在系统功能分析阶段的终期，这些附加的需求需要转换成文档类的副产物，并交由利益相关方审批。在更高级的开发中，还需要将这些文档导出到需求跟踪工具。

使用方法1对4.3节创建的用例图（图4.16）中的用例元素"目标跟踪"进行行为建模。在用例图中选择"目标跟踪"元素，并为它创建序列图，如图4.21所示。在用例图中已经定义了用例的场景，即目标跟踪任务与目标有关，所以在序列图中导出用例功能流时，需要构建飞行器和两条目标不同的生命线。对目标的探测需要两种不同的信号，一个是飞行器发出的对目标的探测信号，另一个是探测到目标后反馈的位置信息。在系统架构的内部结构图对这两个信号和收发信号的接口进行建模后，需要在序列图的两条生命线之间进行发送消息动作时，分别将两个信号赋予两个动作。此外，在目标跟踪任务中，飞

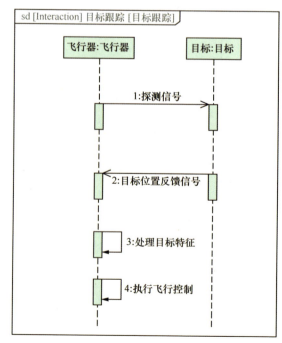

图4.21 "目标跟踪"序列图

行器在收到位置反馈信息后还需执行信息处理动作，这一动作在序列图中可以用自消息实现。完成处理后，用同样的方式完成飞行控制动作。

使用方法 2 对图 4.16 中的用例元素"飞行控制"进行行为建模。在用例图中选择"飞行控制"元素，并为它创建活动图。根据用例图定义的上下文和用例场景，飞行控制任务需要与导航卫星关联，所以在活动图中导出用例功能流时，为了区分不同活动主体的行为，需要构建泳道。泳道是一种用于可视化活动分区的机制，用矩形标识。泳道可以将行为与模块或组成部分相关联，每个泳道的标题都代表一个模块或组成部分。在此示例中，两个泳道分别根据用例场景进行创建，导航卫星和飞行器在飞行控制任务中的所有行为都包含在泳道中。只有在传递信号时，才会使用对象流，对象流连接后会自动为动作节点添加引脚，其余动作之间的联系均使用控制流。根据需求分析，导航卫星需要向飞行器传递导航信息，飞行器接收信号后执行飞行控制动作，因此，在明确所有的活动后，首先在活动图中创建初始节点、分支节点、集合节点和最终节点，然后为导航卫星和飞行器创建调用行为动作，再根据内部结构图的定义，使用对象流连接两个调用行为，对象流的流向是从导航卫星流向飞行器，二者之间传递的信号设定为之前定义好的导航信息，最后据此创建出"飞行控制"活动图，如图 4.22 所示。

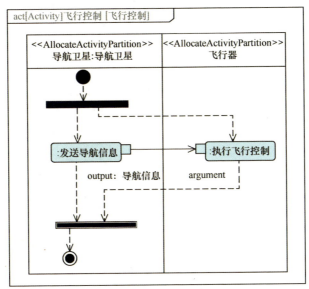

图4.22　"飞行控制"活动图

使用方法3对图4.16中的用例元素"高度控制"进行行为建模。根据需求分析，高度控制需要有开机和关机两个状态，在开机状态下，需要根据外部指令转换不同状态，状态的转变也代表了一种动作和行为。首先建立关机和开机两种复合状态，接着在开机复合状态中建立初始化、爬升、巡航、任务执行4种状态，用于定义高度控制功能的行为。状态间的连接线代表了不同状态间的转换。

为了满足通过外部命令进行状态转换的需求，对每个状态转换时的信号进行建模，共建立了通电指令、起飞指令、转巡航、发现目标、任务完成5种信号，并将其与状态转换过程相关联。"高度控制"状态图如图4.23所示。

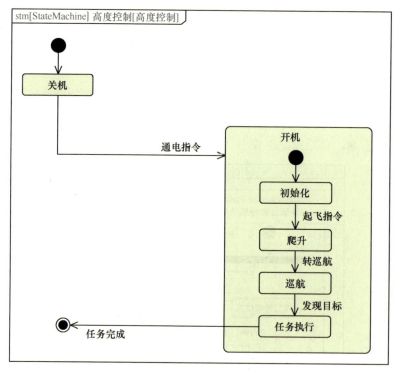

图4.23 "高度控制"状态图

在对飞行器的内部结构进行建模后，根据需求分析，飞行器需要通过调整燃油流速来控制温度。因此，温度调节功能主要涉及飞行器的控制系统和动力系统两个系统模块，并在两个系统之间传递"温度调节参数"和"温度调节完成信号",使控制系统的调节参数尽可能地接近规定的指标,并对动力系统燃油流速和温度进行反复调节。当流速和温度达到一定条件时,控制系统向动力系统发送"温度调节参数"信号,动力系统接收到该信号后,会根据传递的参数调节燃油流速,并向控制系统发送"温度调节完成"信号。控制系统根据反馈信息进一步调整温度控制参数,使动力系统继续调节燃油流速,直到符合系统要求。

在飞行器下新建内部模块图,导入之前已经完成定义的飞行器内部结构"控制系统"和"动力系统",并导入之前对这两个模块定义的部分值属性。其中与温度控制功能相关的有控制系统的"T""T0""deltaT"与"t"4个参数,以及动力系统的"燃油流速"参数。在内部模块图中为两个系统创建对应的传输端口和信号,并指定信号的传输方向,如图4.24所示,控制系统通过pG1端口向动力系统传递温度调节参数,动力系统通过pP2端口向控制系统传递温度调节完成信号。此步骤完成了对温度控制功能的定义,接下来分别为控制系统和动力系统创建活动图,实现系统的功能和行为。

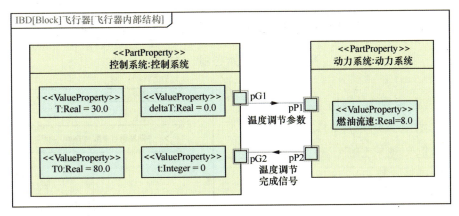

图4.24 飞行器内部结构

"温度控制"活动图如图4.25所示,在图中添加相应的初始节点、合并节点、调用行为动作、不透明动作、决策节点、发送信号动作和接收事件动作。可以看到,在发送温度调节信号前,通过一个循环不断增大T的值,并添加T>T0作为判断是否循环的条件。通过判断后的deltaT作为调节参数,在发送信号动作"温度调节参数"中通过pG1端口传递给动力系统。最终控制系统通过pG2端口接收动力系统传递的温度调节完成信号,实现复位。

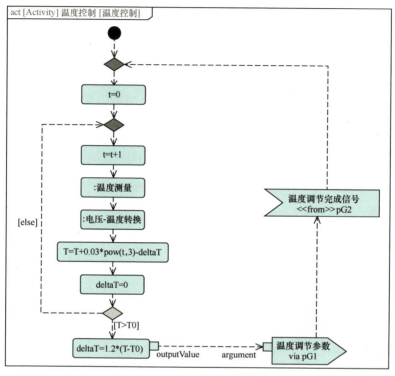

图4.25 "温度控制"活动图

"流量控制"活动图如图 4.26 所示，在图中添加相应的动作和节点。根据用例和需求分析，动力系统在接收温度调节信号后，根据传递的参数控制燃油流速，触发燃油流速调节动作事件，并在完成调节后向控制系统发送温度调节完成信号。对接收事件动作的属性进行设置，设置接收的信号和端口，该动作将自动对信号中包含的数据进行解析，向下一步动作传

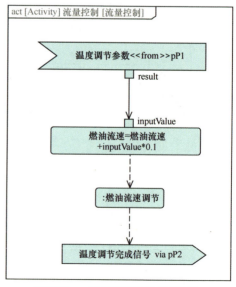

图4.26 "流量控制"活动图

递参数。同样地，在完成调节后的发送信号动作中，也应设置正确的端口和信号。

在温度调节功能设计完成后，可通过仿真来进行设计的检验。如图 4.27 所示，将两个系统的活动图拖曳至内部模块图，可以更加全面地观察整个系统的运行情况和信号传递的过程。同时可以对内部模块图中包含的所有值属性进行监控，并生成相应参数随时间的变化图，本次温度控制活动的两个关键值属性"T"和"燃油流速"随时间的变化情况如图 4.28 和图 4.29 所示。此外，由于两个控制系统在整个仿真过程中会发生多次信号传递，因此也可以根据仿真的进程，自动为信号传递的过程生成对应的顺序图，如图 4.30 所示，可以看到两个系统在仿真过程中发生了多次信号传递事件。

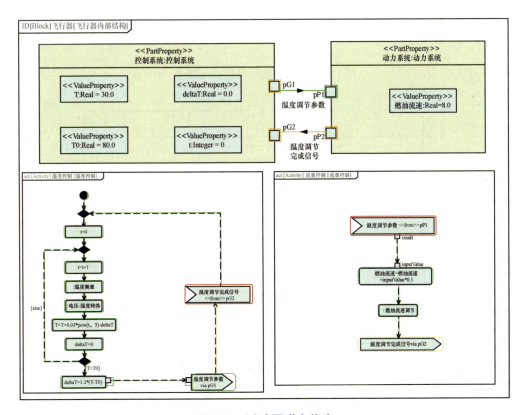

图4.27　活动图联合仿真

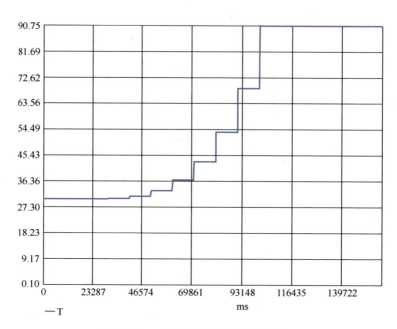

图4.28 "T"随时间的变化情况

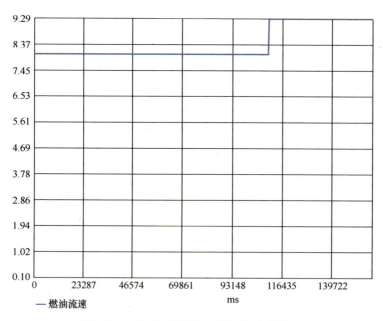

图4.29 "燃油流速"随时间的变化情况

第 4 章　建模工具 SysDeSim.Arch

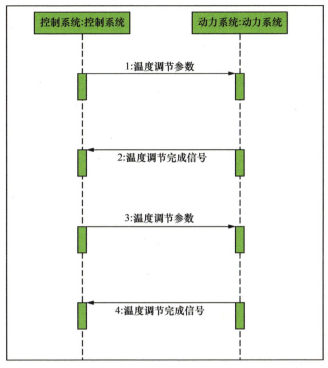

图4.30　仿真生成的顺序图

4.5 基础建模语法案例

本节基于 UML，通过常见的 UML 视图、表及矩阵展示一个典型的图书馆系统的建模过程。

4.5.1 体系工程创建

打开 SysDeSim.Arch，新建工程，基础工程模板选择 UML Template，将工程名称命名为"图书馆系统案例"，指定存储路径后，单击"确定"按钮，完成工程的创建，如图 4.31 所示。

105

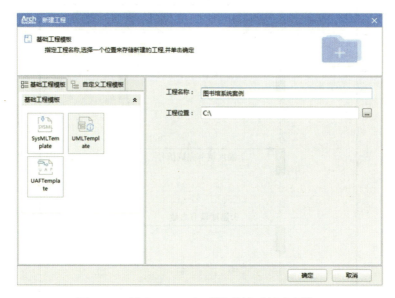

图4.31 创建UML工程"图书馆系统案例"

根据MBSE建模的基本框架，建立包图并命名为"系统模型组织"。在此包图中添加"用户需要分析""业务需求分析""系统设计"包元素。进一步细化这些元素，从而完成整个图书馆系统软件的设计，例如，为用户需要分析包元素生成用户需要概要文件；通过系统环境和系统用例两个方面对业务需求进行分析；系统设计包括架构设计、部署设计、类设计和对象设计。根据以上分析内容，构建各个包元素，并添加合适的包含、依赖关系，如图4.32所示。

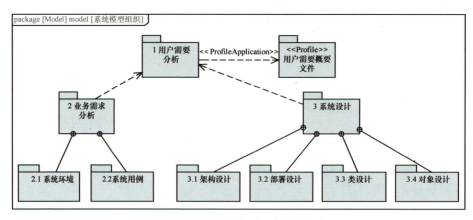

图4.32 "系统模型组织"包图

4.5.2 用户需要分析

搭建用户需要的基础框架，便于更清晰地分辨需求等级等细节，具体步骤如下。

① 在模型浏览器中选择概要文件元素"用户需要概要文件"，为其创建概要文件图，并将其命名为"用户需要类型"。

② 在绘图窗口创建元素"概要文件"，并将其命名为"用户需要"。通过图元素工具栏在概要文件"用户需要"下创建构造型元素，并将其命名为"用户需要"。

③ 为用户需要添加具体属性。选择构造型"用户需要"，为其添加类型为 String 的属性"需要内容:String""角色:String""提出者:String"。

④ 在图元素工具栏打开"类"的下拉菜单，创建枚举类型，将其命名为"优先级"，并为其创建枚举文字"高""中""低"。按照同样的方式创建"风险等级"及其枚举文字"高""中""低"。

⑤ 将"用户需要"属性中"优先级"的类型指定为"优先级"。按照同样的方式将属性"风险等级"的类型指定为"风险等级"。用户需要概要文件的整体架构如图 4.33 所示。

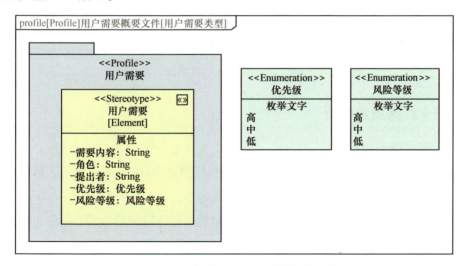

图4.33　用户需要概要文件的整体架构

⑥ 选择绘图窗口中的概要文件"用户需要",单击图工具栏中的"定义",完成构造型的创建及定义。在包元素"1 用户需要分析"中开展用户需要的初步分析。

用户需要分析模拟了系统工程中多位用户在图书馆系统提出多个需求的过程,具体步骤如下。

① 选择包元素"1 用户需要分析",创建类元素并命名为"预约馆藏图书"。使用鼠标双击打开特征属性窗口,将"AppliedStereotype"设置为自定义的"用户需要",并在"需要内容"中输入"图书馆系统应具备线上预约图书的功能",将提出者设置为"张一",角色设置为"读者",优先级设置为"高",风险等级设置为"中"。

② 按照同样的方式,创建如图 4.34 中所示的另外 4 条用户需求,并设置相应的需求内容、提出者、优先级和风险等级。

③ 选择包元素"1 用户需要分析",创建通用表并命名为"用户需要分析"。将表格窗口上方的"元素类型"设置为自定义元素"用户需要",将"范围"设置为包元素"1 用户需要分析",在图工具栏"列"图标的下拉菜单中,选择所展示的列,显示信息。

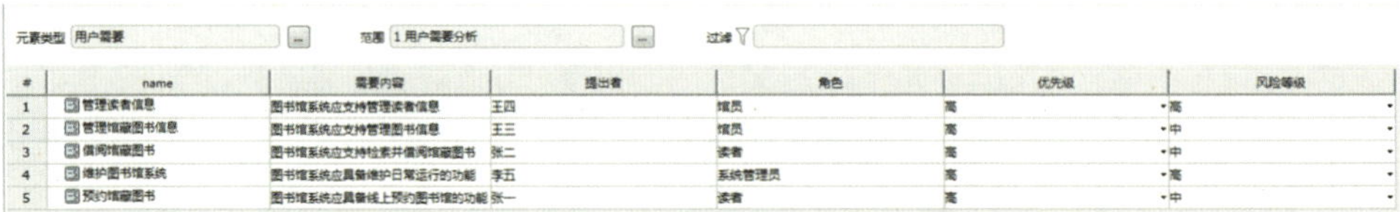

图4.34 用户需要分析通用表示意

4.5.3 业务需求分析

1. 图书馆系统用例

在包元素"2 业务需求分析"中,通过对图书馆系统用例与参与者用例的设计和建模实现对业务需求的分析,具体步骤如下。

① 选择包元素"2.1 系统环境",单击鼠标右键,创建组件图,并命名为"系统环境"。

② 选择执行者元素,在绘图窗口中创建并命名为"读者"。

③ 按照同样的方式，创建组件元素"图书馆系统"、执行者元素"馆员""系统管理员""系统用户"和"用户"。

④ 创建从组件元素"系统环境"到"图书馆系统""读者""馆员""系统管理员"的关联关系，系统环境的属性栏会自动关联这些属性。

⑤ 选择执行者元素"用户"，单击鼠标右键，打开其符号属性窗口，将填充色更改为蓝色，以表示这是一个抽象的执行者（作为实际执行者的父类）。按照同样的方式将执行者"系统用户"的填充色更改为蓝色。

⑥ 在组件图"系统环境"中选择执行者元素"系统用户"，通过关联联想框选择泛化关系，并连接至执行者元素"用户"。按照同样的方式创建其他执行者元素之间的泛化关系，完成图书馆系统环境用例的创建，最终效果如图4.35所示。

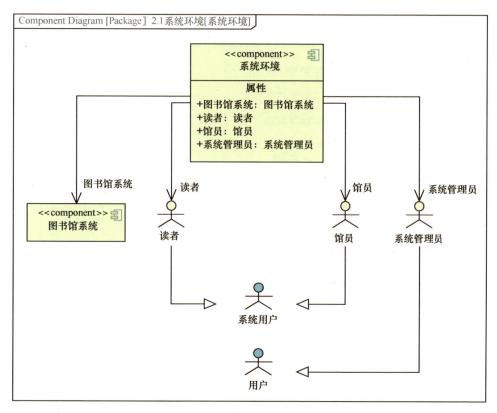

图4.35 图书馆系统环境用例

⑦ 选择包元素"2.2 系统用例",单击鼠标右键,创建用例图,并命名为"系统用例"。将包元素"2.1 系统环境"下的组件元素"系统环境"执行者元素"系统管理员""馆员"和"读者"拖曳至绘图窗口。在绘图窗口组件元素"系统环境"中创建用例元素,并命名为"维护图书馆系统"。按照同样的方法创建其他用例元素,并将用例元素从包元素"2.1 系统环境"下的组件"系统环境"拖曳至包元素"2.2 系统用例"。

⑧ 选择执行者元素"系统管理员",通过关联关系,连接到用例元素"维护图书馆系统";选择用例元素"借阅馆藏图书",通过包含关系,连接到用例元素"登记借阅信息";选择用例元素"登记归还信息",通过扩展(反向)"关系,连接到用例元素"超期罚款"。按照同样的方式,在执行者和用例,以及用例与用例之间创建其他关系,完成图书馆系统用例的创建,如图4.36所示。

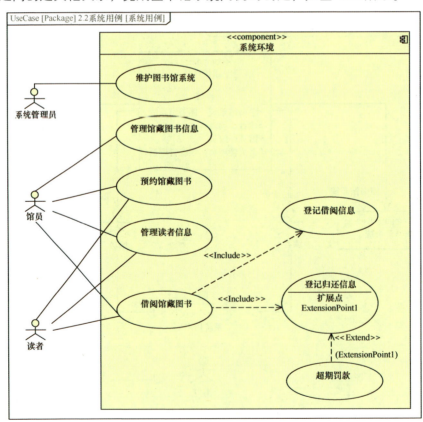

图4.36　图书馆系统用例

2. "维护图书馆系统"状态图

通过创建状态图进一步分析维护图书馆系统用例。用例元素支持顺序图、状态图、活动图、用例图、通信图、交互图的创建和仿真。使用状态图表示图书馆系统的维护过程主要涉及停机和运行两个状态，在运行状态下，可通过初始化数据上线运行，具体步骤如下。

① 在"系统环境"用例图中，选择用例元素"维护图书馆系统"，创建状态图，将其命名为"维护图书馆系统"，同时该状态图将自动在绘图窗口中打开。用例元素"维护图书馆系统"的右下角将出现一个嵌套标志，使用鼠标双击该标志可以快速打开嵌套的状态图。

② 使用鼠标双击状态图中自动生成的状态，将其名称修改为"停机"；创建复合状态"运行"，并在其内部创建"初始化数据""上线运行"子状态；在这些元素之间创建转换关系。

③ 在状态元素"维护图书馆系统"下创建信号元素"运行""上线""异常"，从模型浏览器中拖曳信号至相应的转换线上，完成信号与状态转换之间的关联，如图 4.37 所示。

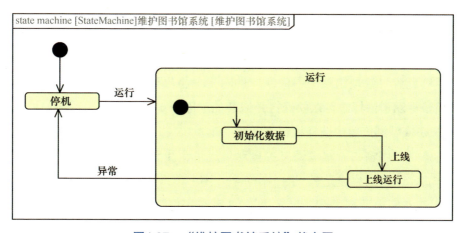

图4.37 "维护图书馆系统"状态图

④ 在主工具栏中单击仿真按钮，在仿真窗口中启动仿真。在仿真过程中，通过"触发信号"下拉菜单选择不同的信号来触发状态转换。"维护图书馆系统"状态图的运行结果如图 4.38 所示。

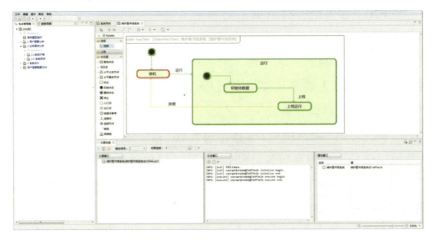

图4.38 "维护图书馆系统"状态图的运行结果

3. "管理馆藏图书信息"顺序图

根据业务需求，为用例图"系统用例"中的用例元素"管理馆藏图书信息"创建顺序图，该顺序图涉及馆员和图书馆系统之间多种有顺序的交互，包括申请添加图书、返回新增图书表单、录入表单信息、提示录入确认信息、扫描图书条码信息、提示图书录入成功等，具体步骤如下。

① 在用例图"系统用例"中，选择用例元素"管理馆藏图书信息"，创建顺序图并将其命名为"管理馆藏图书信息"，同时该顺序图将自动在绘图窗口中打开。用例元素"管理馆藏图书信息"的右下角将出现一个嵌套标志，在用例图中使用鼠标双击该标志可以快速打开嵌套的顺序图。

② 在模型浏览器中选择执行者元素"馆员"，将其拖曳至顺序图"管理馆藏图书信息"绘图窗口，根据语义会自动生成生命线元素"馆员:馆员"。按照同样的方式，创建生命线元素"图书馆系统:图书馆系统"。

③ 在左侧模型树中选择包元素"2.2 系统用例"，创建包元素并将其命名为"交互项"。

④ 选择包元素"交互项"，依次创建信号元素"返回查询表单""返回查询结果""返回馆员处理意见""返回归还表单""返回归还结果""返回借阅表单""返回借阅结果""返回新增图书表单""进入查询界面""进入归还界面""进入借阅界面""录入表单信息""扫描图书条码信息""申请添加图书""输入查询条

件""提出归还申请""提出借阅申请表单""提示录入确认信息""提示图书录入成功""转入归还确认""转入借阅确认""领取图书""归还图书"。

⑤ 通过图工具栏创建从生命线"馆员:馆员"到生命线"图书馆系统:图书馆系统"的发送消息，将信号"申请添加图书"拖曳到发送消息上；创建从生命线"图书馆系统:图书馆系统"到"馆员:馆员"的回复消息，将信号"返回新增图书表单"拖曳到回复消息上。

⑥ 按照同样的方法，在不同生命线元素之间创建消息，完成顺序图"管理馆藏图书信息"的创建，如图 4.39 所示。

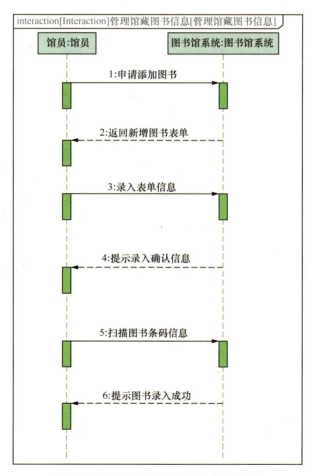

图4.39 "管理馆藏图书信息"顺序图

4. "预约馆藏图书"通信图

根据业务需求，为用例图"系统用例"中的用例元素"预约馆藏图书"创建通信图，该图反映了读者、图书馆系统及馆员之间在预约馆藏图书方面的交互信息，具体步骤如下。

① 选择用例元素"预约馆藏图书"，创建通信图并将其命名为"预约馆藏图书"，同时该通信图将自动在绘图窗口中打开。用例元素"预约馆藏图书"的右下角将出现一个嵌套标志，在用例图中使用鼠标双击该标志可以快速打开嵌套的通信图。

② 从模型浏览器中选择执行者元素"读者"，将其拖曳至通信图"预约馆藏图书"绘图窗口，根据语义会自动生成生命线元素"：读者"。按照同样的方式，创建生命线元素"：图书馆系统"和"：馆员"。

③ 在生命线元素"：读者"和"：图书馆系统"之间建立连接，并为此连接器创建左消息"1 预约图书"；连接生命线元素"：图书馆系统"到自身，并为其创建右消息"1.1 添加预约信息"；在生命线元素"：图书馆系统"和"：馆员"之间创建连接，并依次为此连接器创建左消息"1.2 发送预约请求"和右回复消息"1.2.1 返回处理结果"；在生命线元素"：图书馆系统"和"：读者"之间创建右回复消息"1.3 返回预约成功信息"，完成通信图"预约馆藏图书"的创建，如图 4.40 所示。

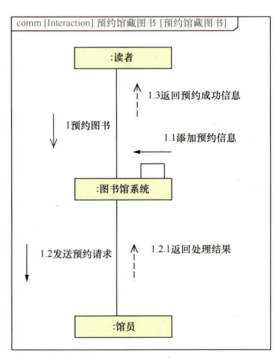

图4.40 "预约馆藏图书"通信图

5. "管理读者信息"活动图

根据业务需求，为用例图"系统用例"中的用例元素"管理读者信息"创建活动图，此活动图包含了读者在申请读者证时，读者和馆员所进行的操作步骤和信息交互，具体步骤如下。

① 在用例图"系统用例"中，选择用例元素"管理读者信息"，创建活动图，并将其命名为"管理读者信息"，同时该活动图将自动在绘图窗口中打开。用例元素"管理读者信息"的右下角将出现一个嵌套标志，在用例图中使用鼠标双击该标志可以快速打开嵌套的活动图。

② 管理读者信息涉及读者和馆员两个角色的行为，因此需要为两个角色分别创建泳道，用于区分各自的活动。从图元素工具栏中，选择"垂直泳道"元素，创建双泳道。选择泳道的"内容部分"，可整体拖曳移动泳道。

③ 从模型浏览器中，选择执行者元素"读者"，将其拖曳到垂直泳道左侧标题部分，执行者元素名称将出现在泳道标题上，这意味着该泳道代表该执行者元素。按照同样的方法，在垂直泳道右侧标题创建"馆员"。

④ 在相应泳道中创建初始节点、调用行为动作、决策节点、活动最终节点、调用行为动作，创建完成后，模型浏览器中将出现其同名活动元素。管理读者信息的整个流程为：读者进入申请界面，录入信息并提交申请后，馆员对读者进行分类，若读者长期借阅图书，则为读者生成长期读者证，否则生成临时读者证，最后在读者界面中返回读者证信息。各个元素之间通过控制流连接，在决策节点的分支中键入守卫条件，完成"管理读者信息"活动图的构建，如图4.41所示。

⑤ 在图中工具栏中单击仿真按钮，选择"长期"条件，在仿真窗口中启动仿真。整个活动图的执行情况如图4.42所示。

6. "借阅馆藏图书"交互图

根据业务需求，为用例图"系统用例"中的用例元素"借阅馆藏图书"创建交互图，反映借阅图书的完整流程，并为每个环节添加对应角色行为的顺序图，具体步骤如下。

① 选择用例元素"借阅馆藏图书"，创建交互图并将其命名为"借阅馆藏图书"，同时该交互图将自动在绘图窗口中打开。用例元素"借阅馆藏图书"的右下角将出现一个嵌套标志，在用例图中，使用鼠标双击该标志可以快速打开嵌套的交互图。

② 在用例元素"借阅馆藏图书"下创建交互元素"查询图书""归还图书""借

阅图书",在用例元素"超期罚款"下创建交互元素"超期罚款",并依次将其拖曳至绘图窗口。

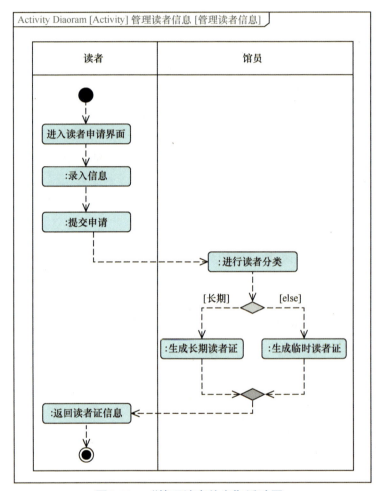

图4.41 "管理读者信息"活动图

③ 通过图元素工具栏,在绘图窗口中创建初始节点、活动最终节点和决策节点,并通过控制流在元素之间建立连接。选择决策节点下的一条控制流,单击鼠标右键,打开其特征属性窗口,将守卫设置为"按期归还"并为其指定判断条件;在决策节点的另一条控制流中,通过特征属性窗口将守卫设置为"超期归还"。该交互图完成了对借阅馆藏图书的基础框架搭建,在查询图书后借阅,并根据是否按期归还图书进行判断,若超期归还则进行超期罚款行为,如图 4.43 所示。

第 4 章 建模工具 SysDeSim.Arch

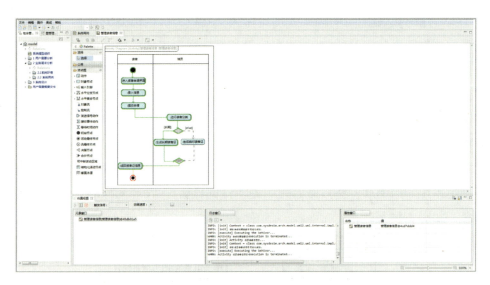

图4.42 "管理读者信息"的运行结果活动图示例

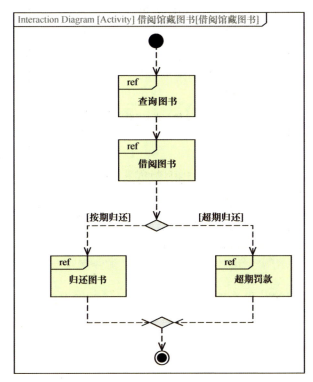

图4.43 "借阅馆藏图书"交互图

117

④ 为基于馆藏图书的框架添加具体的交互行为。在模型浏览器中选择交互元素"查询图书",创建"查询图书"顺序图。该顺序图反映了读者借阅图书的查询环境和图书馆系统的交互情况,读者进入查询界面,系统会在查询界面返回查询表单,当读者输入具体的查询条件后,系统会返回查询的结果。在模型浏览器中选择执行者元素"读者",将其拖曳至顺序图"查询图书"绘图窗口,创建生命线元素"读者:读者",按照同样的方式,创建生命线元素"图书馆系统:图书馆系统"。通过图工具栏创建从生命线"读者:读者"到生命线"图书馆系统:图书馆系统"的消息,将其命名为"进入查询界面",按照同样的方法创建其他消息,如图 4.44 所示。

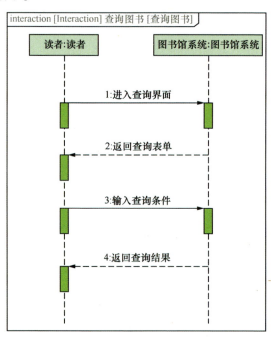

图4.44 "查询图书"顺序图

⑤ 为借阅图书的行为添加具体交互行为。借阅图书涉及读者、图书馆系统和馆员 3 种角色相互之间的交互。读者进入借阅界面,系统返回借阅表单,随后读者提出借阅申请,系统交由馆员进行确认,馆员将处理后的意见反馈给系统,并由系统将结果告知读者后,读者自行领取借阅的图书。参照为查询图书创建顺序图的操作,为借阅图书创建顺序图,如图 4.45 所示。

第4章 建模工具 SysDeSim.Arch

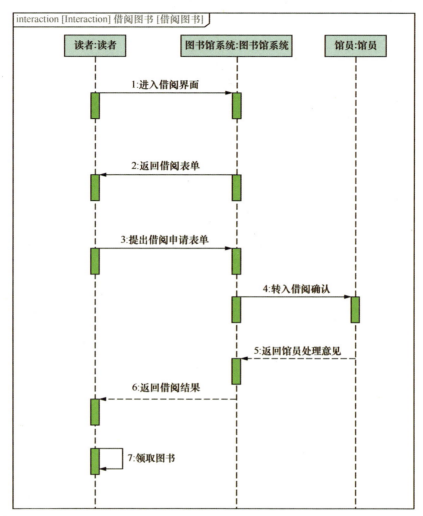

图4.45 "借阅图书"顺序图

⑥ 为归还图书的行为添加具体交互行为，归还图书涉及读者、图书馆系统和馆员3种角色相互之间的交互。读者进入归还界面，系统返回归还表单，读者提出归还申请，即可自行归还图书。

在模型浏览器中选择交互元素"归还图书"，创建"归还图书"顺序图。在模型浏览器中选择执行者元素"读者"，将其拖曳至顺序图"借阅图书"绘图窗口，创建生命线元素"读者:读者"。按照同样的方式，创建生命线元素"图书馆系统:图书馆系统"和"馆员:馆员"。创建从生命线"读者:读者"到生命线

119

"图书馆系统：图书馆系统"的消息，并将其命名为"进入归还界面"；按照同样的方法创建其他消息，如图 4.46 所示。

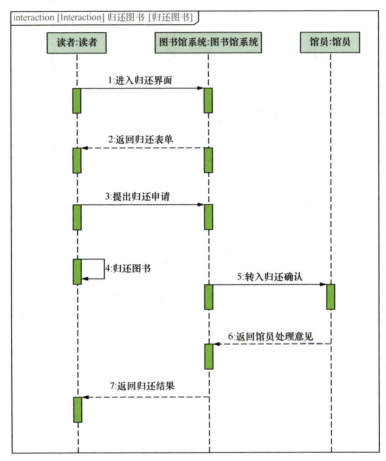

图4.46 "归还图书"顺序图

4.5.4 系统设计

1. 架构设计

图书馆系统涉及多个模块和功能，架构设计通过组件化和模块化的方式，有效管理系统的复杂性，降低开发和维护的难度。架构设计使系统更加灵活，能够更容易地适应需求变更。当需求发生变化时，通过对组件的调整和替换，可以快速地实现系统的升级和改进。明确定义的架构提供了一个清晰的工作框架，有助于多个团队之间的协同开发,提高开发效率。架构设计考虑了系统的性能和可扩展性,使开发团队可以在设计阶段预测和优化系统性能,提高系统的响应速度和稳定性,避免不必要的开发和维护成本,从而提高系统的经济性。

架构设计主要用于分析图书馆系统的总体结构设计,着重于组件的划分和组织,包括图书馆系统、图书馆网页、图书馆数据库和借阅服务。通过在核心组件之间建立关联关系,以及引入组合结构图和端口,详细描述了各组件之间的关系和通信方式,反映了它们之间的依赖和交互关系,细化了系统内部结构,强调了各个属性元素的重要性。架构设计提供了对整个图书馆系统的抽象视图,帮助开发团队更好地理解系统的整体结构和各组件之间的关系。架构设计还有助于评估和优化系统性能和可扩展性,确保系统在不断发展和用户增长的情况下依然稳定运行。

图书馆系统的架构设计具体步骤如下。

① 在模型浏览器中选择包元素"3.1 架构设计",创建组件图,并将其命名为"架构设计"。

② 在模型浏览器中选择包元素"2.1 系统环境"中的组件元素"图书馆系统",将其拖曳至绘图窗口。在图元素工具中,单击组件图下的组件元素并在绘图窗口创建,将其命名为"图书馆网页",按照同样的方式创建其他组件元素,如图 4.47 所示。

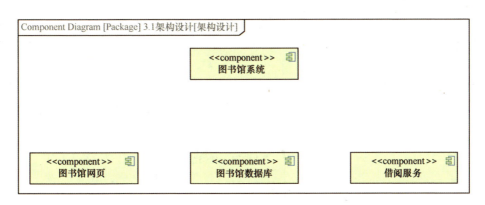

图4.47 创建组件

③ 通过图元素工具栏中类图下的"组成关联(带方向)",在组件元素之间

创建关联关系，如图 4.48 所示。

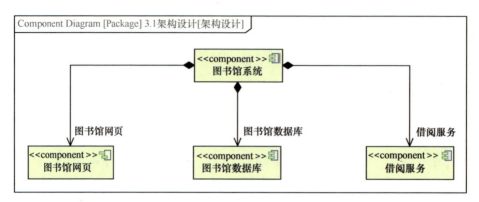

图4.48 "架构设计"组件图

在组件元素"图书馆系统"下创建组合架构图以分析图书馆系统的内部结构，具体步骤如下。

① 在组件图"架构设计"中选择组件元素"图书馆系统"，单击鼠标右键，打开快捷菜单，选择"创建图"→"组合结构图"，并将其命名为"图书馆系统组合架构图"。

② 通过工具栏下拉框显示部件/端口，勾选属性元素"图书馆网页：图书馆网页""借阅服务：借阅服务""图书馆数据库："图书馆数据库"，创建组合结构，如图 4.49 所示。

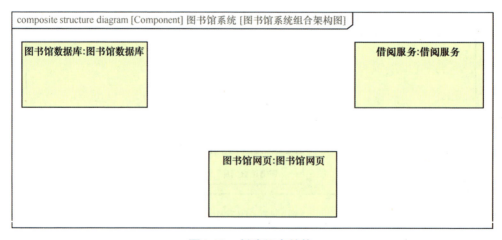

图4.49 创建组合结构

③ 选择属性元素"图书馆数据库:图书馆数据库",通过元素的关联联想框创建端口,将端口命名为"权限端口",将其连接至属性元素"图书馆网页:图书馆网页",在提示框中选择"New Port"后,属性元素"图书馆网页:图书馆网页"上则对应生成一个端口,将其命名为"权限端口"。

④ 按照同样的方式创建其他端口及连接,如图 4.50 所示。

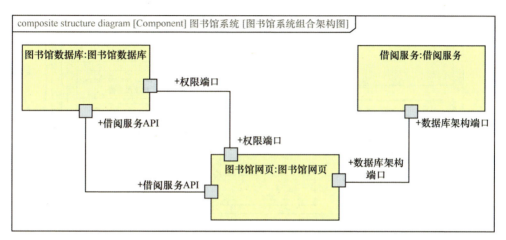

图4.50 "图书馆系统"组合结构图

2. 部署设计

① 在模型浏览器中选择包元素"3.2 部署设计",单击鼠标右键,打开快捷菜单,选择"创建图"中的"部署图",将其命名为"部署设计"。

② 在图元素工具栏中,单击节点元素并在绘图窗口创建,将其命名为"Web 客户端"。通过图元素工具栏在绘图窗口单击创建设备元素,使用鼠标双击图形将其命名为"服务器"。在图元素工具栏中,单击绘图窗口中的设备元素"服务器",创建执行环境元素,并将其命名为"数据服务器"。通过图元素工具栏在节点元素"Web 客户端"中创建工件元素"library/jsp"。

③ 按照同样的方式创建其他节点元素和工件元素,如图 4.51 所示。

④ 选择节点元素"应用服务器",为其创建属性"IP:String",并打开特征属性窗口,将"Visibility"改为"private"。按照同样的方式创建其他属性。

⑤ 在绘图窗口选择节点元素"JAVA 客户端",通过关联联想框选择"通信路径",连接至节点元素"应用服务器",选择通信路径连接线,单击鼠标右键,

打开其特征属性窗口,将其命名为"OOIP/RMI"。

⑥ 按照同样的方式,创建其他节点元素之间的通信关系,如图 4.52 所示。

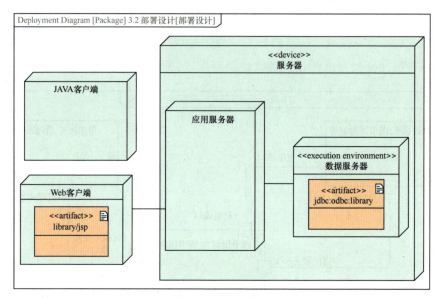

图4.51 创建部署图

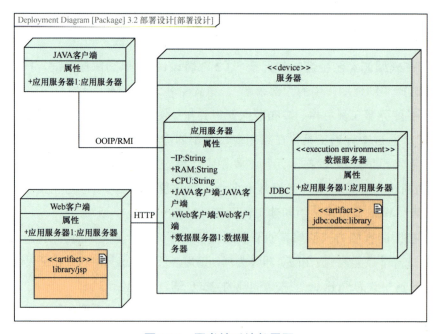

图4.52 图书馆系统部署图

3. 类设计

① 在模型浏览器中选择包元素"3.3 类设计",单击鼠标右键,打开快捷菜单,选择"创建图→类图",并将其命名为"类设计"。

② 在图元素工具栏中,单击"类"元素并在绘图窗口创建,将其命名为"图书"。通过图元素工具栏创建"枚举"元素,将其命名为"预约状态",按照同样的方式创建其他类元素,如图 4.53 所示。

③ 选择类元素"图书",单击右侧元素属性添加按键,选择"属性",在类元素中生成一个名称为"property"的属性。使用鼠标双击属性"property",将其命名为"库存数量:Integer"。选择属性"库存数量",在其特征属性窗口中将"Visibility"设置为"private",则属性更改为"- 库存数量:Integer"。选择类元素"借阅",单击右侧元素属性添加按键,选择"操作",并将其命名为"添加图书"。选择操作"添加图书",在快捷菜单中选择"特征属性",并将"Visibility"改为"public",则操作会更改为"+ 添加图书( )"。

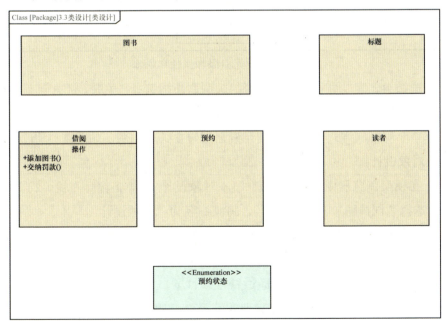

图4.53　创建类元素

④ 选择枚举元素"预约状态",分别添加"枚举文字"并将其命名为"预约等待"。按照同样的方式,为所有类元素添加属性和操作,如图 4.54 所示。

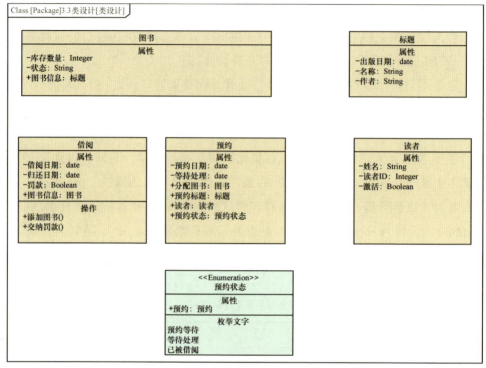

图4.54　为类元素添加属性和操作

⑤选择类元素"图书",通过元素的关联联想框选择"关联（带方向）"关系,连接至类元素"标题",打开其特征属性窗口,将Name设置为"图书信息"。

⑥按照同样的方式,在其他类元素之间建立关联关系,如图4.55所示。

4. 对象设计

①在模型浏览器中选择包元素"3.4对象设计",单击鼠标右键,打开快捷菜单,选择"创建图"→"对象图",将其命名为"对象设计"。

②在图元素工具栏中,单击"实例"元素并在绘图窗口创建,在显示的"搜索元素范围"窗口选择包"3.3类设计"下的类元素"图书",则创建实例元素":图书"（"搜索元素范围"窗口可通过特征属性窗口中Classifier属性右侧选项框再次打开）。按照同样的方式创建其他实例元素,如图4.56所示。

③在绘图窗口选择实例元素":图书",单击鼠标右键,打开其特征属性窗口,在左侧列表中选择"槽",选择属性"库存数量",单击"创建值",设置为20。按照同样的方式在其他实例元素中,通过槽为属性创建值,如图4.57所示。

第 4 章 建模工具 SysDeSim.Arch

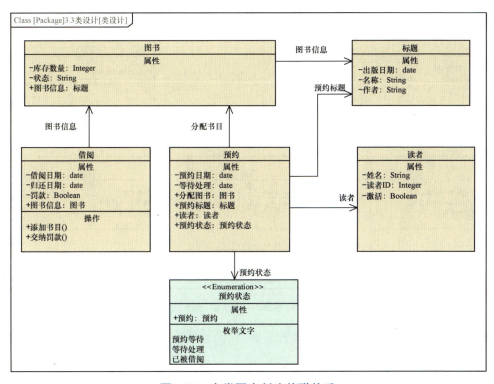

图4.55 在类图中创建关联关系

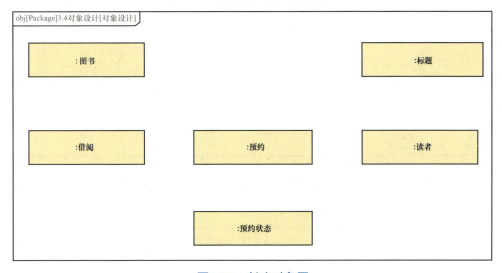

图4.56 创建对象图

127

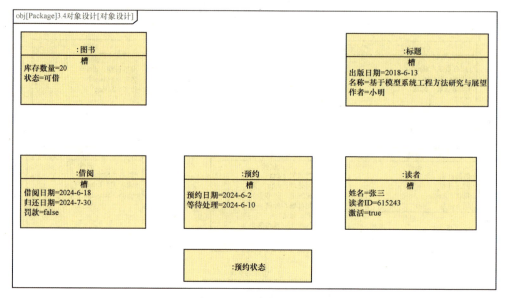

图4.57 在对象图中通过槽为属性创建值

④ 通过图元素工具栏创建实例元素":图书"和":标题"之间的关联关系,打开其特征属性窗口,将 Name 命名为":包含"。按照同样的方式,创建其他实例元素之间的关联关系,如图 4.58 所示。

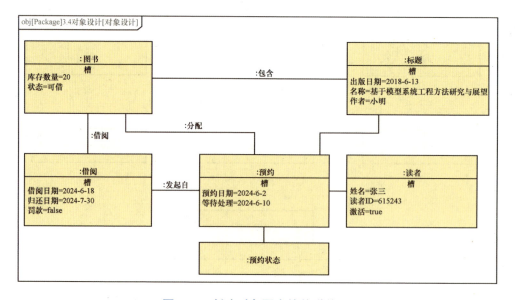

图4.58 创建对象图中的关联关系

4.6 高级建模语法案例

4.6.1 结构体定义和使用

SysDeSim.Arch 支持通过值类型定义结构体，通过 ALH.setValue 语句将其他值属性赋值给结构体中的数据，再通过 ALH.getValue 语句读取结构体中的数据。

本节以飞行器目标位置为例，介绍如何设置并获取其位置数据，具体步骤如下。

① 创建 SysML 工程，在模型浏览器中选择"model"，单击鼠标右键，打开快捷菜单，选择"创建图"→"模块定义图"，将其命名为"飞行器参数定义"。

② 从图元素工具栏中，选择"模块"元素，单击绘图窗口创建模块元素，并将其命名为"飞行器"。从图元素工具栏中，选择"值类型"元素，单击绘图窗口，创建值类型元素，并将其命名为"目标位置数据块"。创建模块定义图如图 4.59 所示。

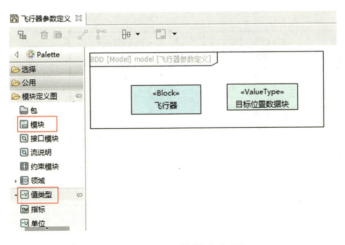

图4.59　创建模块定义图

③ 在绘图窗口中选择模块元素"飞行器"，为其创建值属性，如图 4.60 所示。

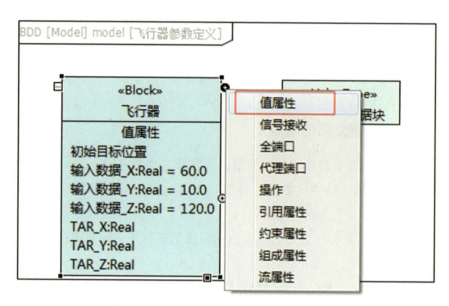

图4.60 创建值属性

④ 在绘图窗口中选择值类型元素"目标位置数据块",为其创建属性,如图4.61所示。

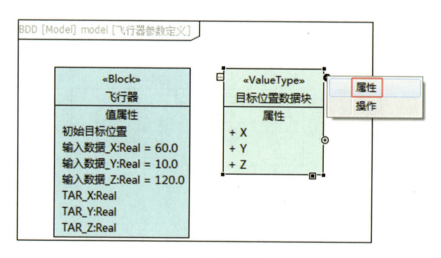

图4.61 创建属性

⑤ 选择属性元素"X",通过关联联想框中的"Set Type"将其类型设置为"Real",如图4.62所示。按照同样的方式,设置属性元素"Y"和"Z"的类型。

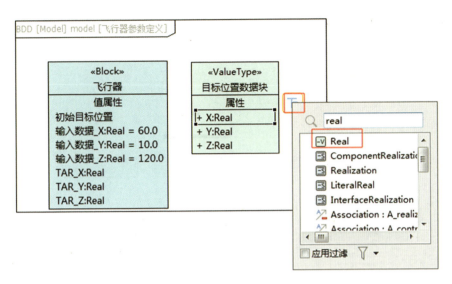

图4.62　设置属性的类型

⑥ 选择值属性中的"初始目标位置",将其类型设置为"目标位置数据块",如图 4.63 所示。

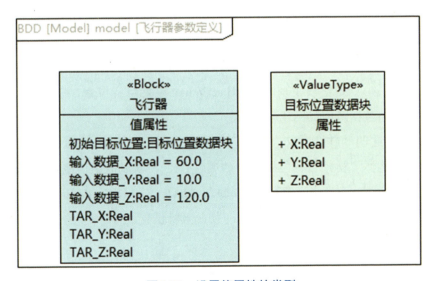

图4.63　设置值属性的类型

⑦ 选择模块元素"飞行器",单击鼠标右键,打开快捷菜单,选择"创建图"→"活动图",并将其命名为"目标位置读取"。

⑧ 通过图工具栏依次创建初始节点、水平分支节点、不透明动作、水平集合节点和活动最终节点，如图4.64所示。

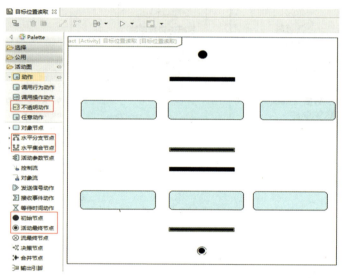

图4.64 创建活动

⑨ 在不透明动作中输入"ALH.setValue(初始目标位置，"X"，统一输入数据_X)"，表示将值属性"输入数据_X"赋值给结构体"初始目标位置"中的属性"X"。按照同样的方式在其他不透明动作中输入"ALH.setValue(初始目标位置，"Y"，输入数据_Y)"和"ALH.setValue(初始目标位置，"Z"，输入数据_Z)"。结构体数据赋值如图4.65所示。

⑩ 在不透明动作中输入"TAR_X=ALH.getValue(初始目标位置，"X")"，表示读取结构体"初始目标位置"中的属性"X"，再赋值给值属性"TAR_X"。按照同样的方式在其他不透明动作中输入"TAR_Y=ALH.getValue(初始目标位置，"Y")"和"TAR_Z=ALH.getValue(初始目标位置，"Z")"。结构体数据读取如图4.66所示。

⑪ 通过控制流将初始节点、水平分支节点、不透明动作、水平集合节点和活动最终节点进行连接。创建控制流如图4.67所示。

⑫ 对活动图进行仿真，在仿真视图窗口可以看到结构体数据的传递结果，如图4.68所示。

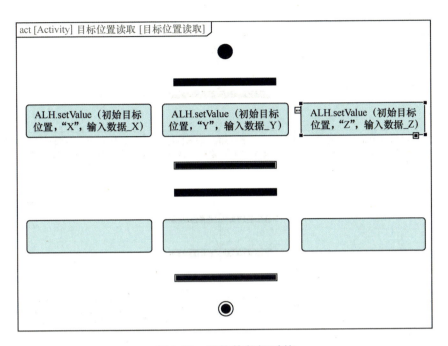

图4.65 结构体数据赋值

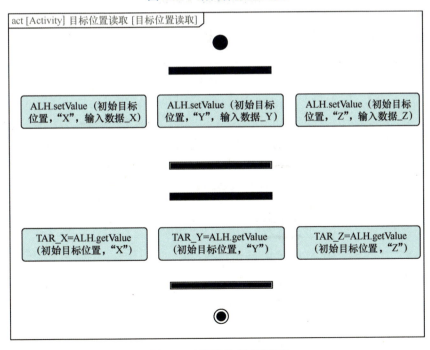

图4.66 结构体数据读取

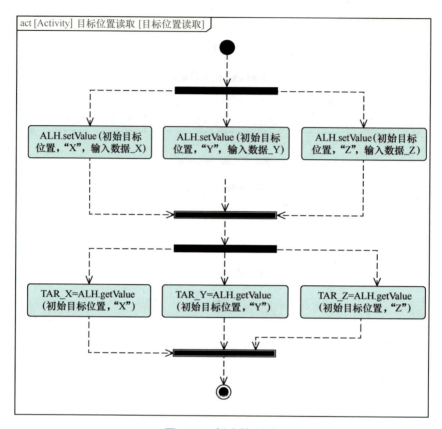

图4.67 创建控制流

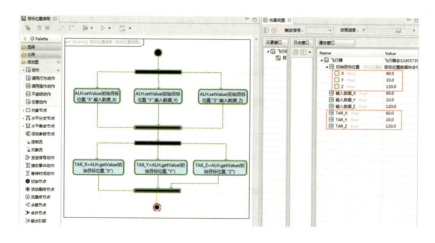

图4.68 结构体数据传递

4.6.2 实例建模与仿真

SysDeSim.Arch 也提供实例建模与仿真功能，结合参数图、实例元素、分系统方案库完成指标计算、分系统方案库构建，并通过仿真完成方案对比与选择。

实例建模与仿真的步骤可分为系统组成分析、分系统备选方案设计、多方案寻优。

1. 系统组成分析

① 创建 SysML 工程，在模型浏览器中选择"model"，单击鼠标右键，打开快捷键菜单，选择"创建元素"→"包元素"并将其命名为"1 系统结构"，按照同样的方式依次创建包元素"2 分系统方案库""3 多方案寻优"。

② 选择包元素"1 系统结构"，单击鼠标右键，打开快捷键菜单，选择"创建图"→"模块定义图"，并将其命名为"系统结构"。从图元素工具栏中，选择"模块"，单击绘图窗口，创建模块元素，将其命名为"飞行器"，如图 4.69 所示。

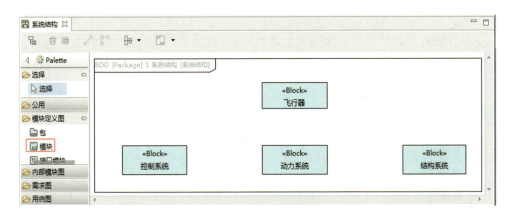

图4.69　创建模块元素

③ 在绘图窗口中选择模块元素"飞行器"，通过关联联想框创建"飞行器"模块与"控制系统""动力系统""结构系统"模块的组成关联关系（带方向），如图 4.70 所示。

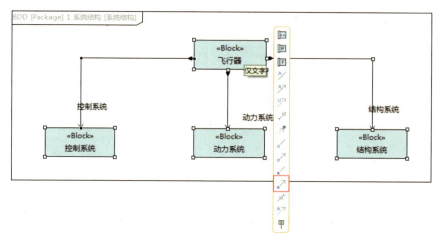

图4.70 创建组成关联关系

④ 从图元素工具栏中,选择"约束模块",单击绘图窗口,创建约束模块,并将其命名为"质量约束"。按照同样的方式,创建其他约束模块并命名。创建约束模块如图 4.71 所示。

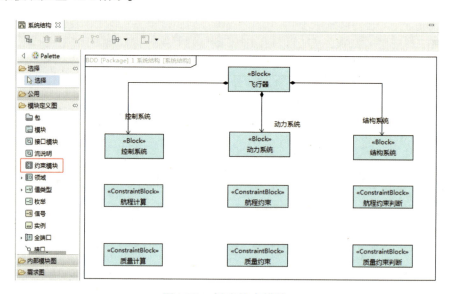

图4.71 创建约束模块

⑤ 在绘图窗口中,选择模块元素,为其添加值属性,并通过创建值属性来表达系统和分系统的指标。创建值属性如图 4.72 所示。

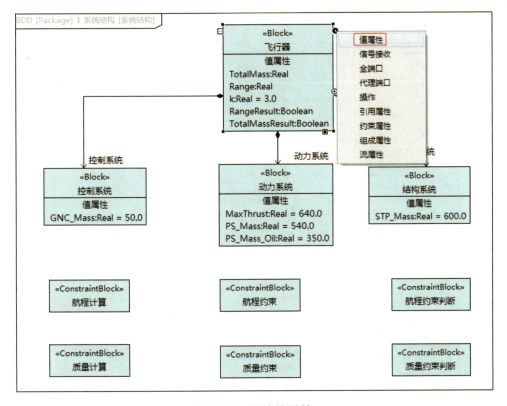

图4.72 创建值属性

⑥ 在绘图窗口中，选择"航程计算"，使用鼠标双击约束属性中的"{}"，编辑约束表达式；再次选择"航程计算"，通过单击关联联想框中的"解析表达式并且创建参数"，自动生成约束参数，如图 4.73 所示。

⑦ 在绘图窗口中，选择"航程约束判断"下的约束参数"RangeResult"，通过关联联想框将其类型设置为"Boolean"。按照同样的方式，将"质量约束判断"下的约束参数"TotalMassResult"的类型设置为"Boolean"。设置约束参数类型如图 4.74 所示。

⑧ 在模型浏览器中选择模块元素"飞行器"，单击鼠标右键，打开快捷菜单，选择"创建图"→"参数图"，并将其命名为"指标计算"。在"部件/端口 显示"界面中显示继承父级模块及其部分属性和值属性，单击"确定"按钮，自动生成初始参数图。拖曳"航程约束"等约束模块到参数图，生成相应的约束属性，

如图 4.75 所示。

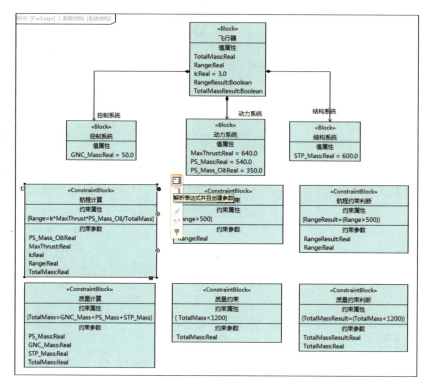

图4.73　创建约束参数

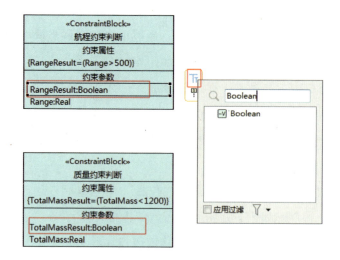

图4.74　设置约束参数类型

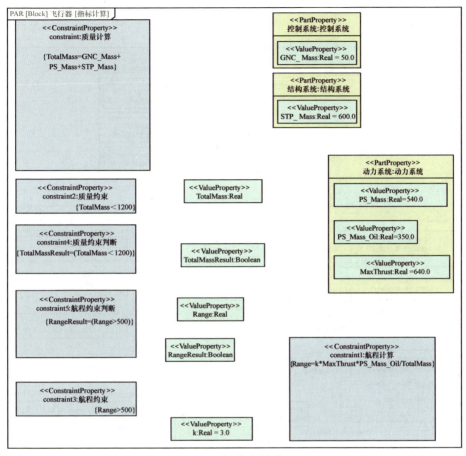

图4.75 约束参数分配

⑨在绘图窗口中,选择"航程约束",单击关联联想框中的"显示约束参数",显示"航程约束"的约束参数。以同样的方式显示其他约束模块的约束参数,如图4.76所示。选择"ValueProperty"中的"k:Real=3.0",单击关联联想框中的"绑定连接器",再单击"航程计算"上的"k:Real"约束参数,建立值属性和约束参数之间的绑定关系。以同样的方式建立其他值属性和约束参数之间的绑定关系,如图4.77所示。

2. 分系统备选方案设计

①选择包元素"2 分系统方案库",单击鼠标右键,打开快捷菜单,选择"创建图"→"模块定义图",依次创建包元素"动力系统方案库""结构系统方案

库""控制系统方案库"。

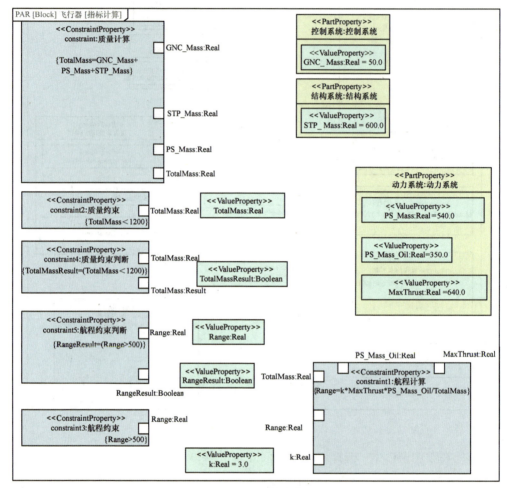

图4.76 显示约束参数

② 选择"动力系统方案库",单击鼠标右键,打开快捷菜单,选择"创建图"→"模块定义图",创建模块定义图,并将其命名为"动力系统方案"。从图元素工具栏中,选择"实例",即可在绘图窗口创建实例元素,如图4.78所示。单击绘图区域,打开"搜索元素范围"界面,选择"1 系统结构"下的"动力系统",单击"确定"按钮,并将创建的实例元素命名为"动力系统方案1"。"搜索元素范围"界面如图4.79所示。创建实例元素"动力系统方案1"如图4.80所示。

第4章 建模工具 SysDeSim.Arch

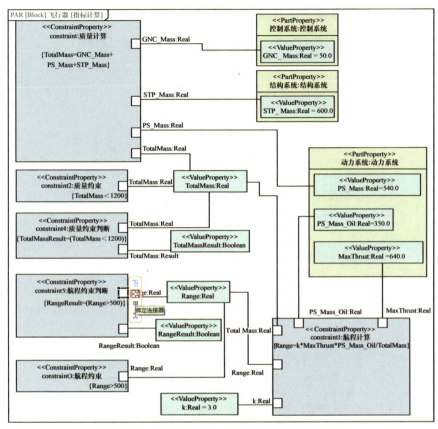

图4.77 建立值属性和约束参数的绑定关系

图4.78 创建实例元素

141

图4.79 "搜索元素范围"界面

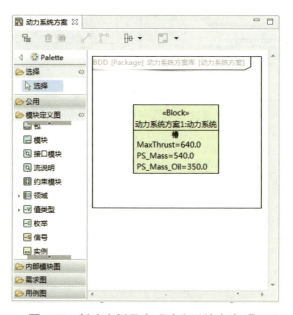

图4.80 创建实例元素"动力系统方案1"

③ 选择实例元素"动力系统方案1",单击鼠标右键,打开其特征属性窗口,单击左侧分栏中的"槽",选择需要修改值的槽,单击"编辑值"按钮,如图4.81所示。

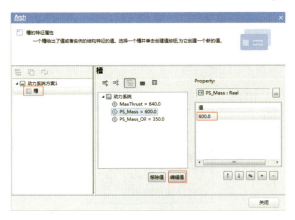

图4.81 修改槽值

④ 按照同样的方式，创建动力系统的其他实例元素，依次命名为"动力系统方案 2""动力系统方案 3"，如图 4.82 所示。

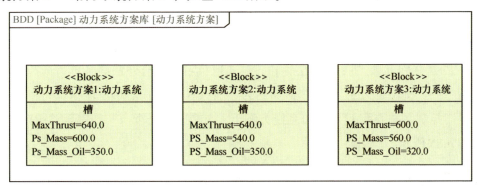

图4.82 动力系统方案

⑤ 选择"结构系统方案库"，单击鼠标右键，打开快捷菜单，选择"创建图"→"模块定义图"，创建模块定义图，并将其命名为"结构系统方案"，如图 4.83 所示。

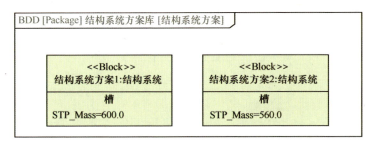

图4.83 结构系统方案

⑥ 选择"控制系统方案库",单击鼠标右键,打开快捷菜单,选择"创建图"→"模块定义图",创建模块定义图,并将其命名为"控制系统方案",如图 4.84 所示。

图4.84 控制系统方案

3. 多方案寻优

① 选择包元素"3 多方案寻优",单击鼠标右键,打开快捷菜单,选择"创建元素"→"包元素",依次创建包元素"飞行器方案1""飞行器方案2""飞行器方案3"。

② 选择包元素"飞行器方案1",单击鼠标右键,打开快捷菜单,选择"创建图"→"模块定义图",并将其命名为"飞行器方案1"。从左侧模型树将实例元素"控制系统方案1""动力系统方案1""结构系统方案1"拖曳至绘图窗口,如图 4.85 所示。

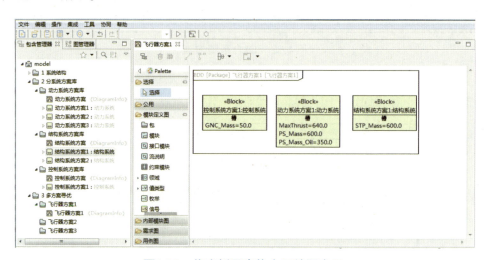

图4.85 将实例元素拖曳至绘图窗口

③ 从图元素工具栏中,选择"实例",单击绘图窗口,创建实例元素,弹出"搜索元素范围"窗口,选择包元素"1 系统结构"下的模块元素"飞行器",单击"确定"按钮,并将创建的实例元素命名为"飞行器方案1",如图4.86所示。

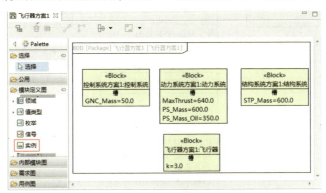

图4.86　创建实例元素"飞行器方案1"

④ 选择实例元素"飞行器方案1",单击鼠标右键,打开其特征属性窗口,单击左侧分栏中的"槽",依次选择"TotalMass""Range",并单击"创建值"按钮,设置值属性。例如,将"Range"设置为"Real"。

⑤ 为"控制系统"创建值如图4.87所示。选择包元素"2 分系统方案库"下的实例元素"控制系统方案1:控制系统",单击"确定"按钮,为其创建值。按照同样的方式,为"动力系统""结构系统"创建"动力系统方案1""结构系统方案1"的值,如图4.88所示。

图4.87　为"控制系统"创建值

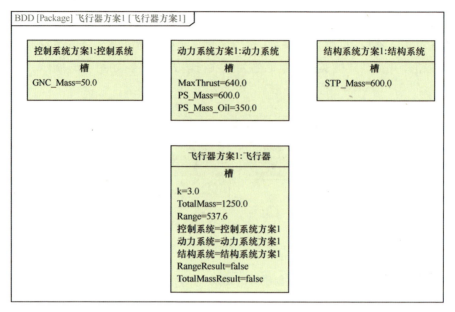

图4.88 为实例元素"飞行器方案1"创建值

⑥ 重复步骤③~步骤⑤，依次创建实例元素"飞行器方案2"和实例元素"飞行器方案3"的值，如图4.89和图4.90所示。

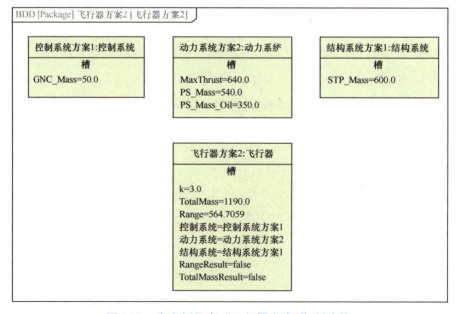

图4.89 为实例元素"飞行器方案2"创建值

第 4 章 建模工具 SysDeSim.Arch

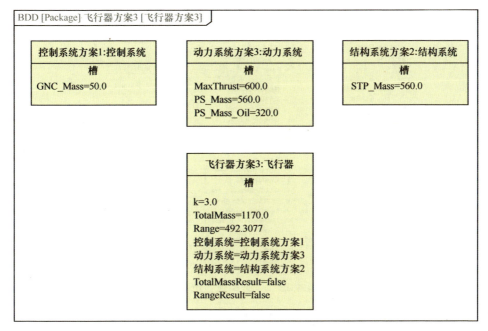

图4.90　为实例元素"飞行器方案3"创建值

⑦ 选择包元素"3 多方案寻优",单击鼠标右键,打开快捷菜单,选择"创建图"→"实例表"并将其命名为"多方案权衡分析",如图 4.91 所示。

图4.91　"多方案权衡分析"实例表

⑧ 从左侧模型树中,将包元素"1 系统结构"下的模块元素"飞行器"拖曳到右侧实例表中的"分类器"上,将包元素"3 多方案寻优"拖曳至"范围"上。

⑨ 在图 4.92 所示的菜单中单击"选择列",打开"选择列"界面,如图 4.93 所示。可以在图 4.93 所示中选择要在实例表中展示的属性。

⑩ 单击实例表仿真按钮下拉菜单中的"评估所有实例"(如图 4.94 所示),弹出显示仿真进度的窗口,如图 4.95 所示。

⑪ 仿真结束后,实例表会显示 3 种飞行器方案下的计算结果,实现约束条件下的多方案寻优,如图 4.96 所示。

147

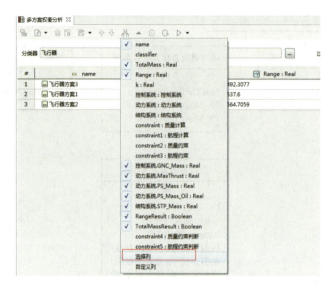

图4.92 "选择列"选项

图4.93 "选择列"界面

图4.94　评估所有实例

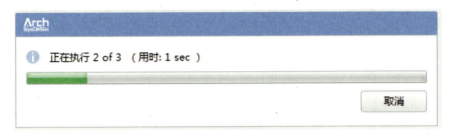

图4.95　仿真进度

图4.96　仿真计算结果

4.6.3　测试用例仿真

SysDeSim.Arch 支持通过测试用例对仿真测试结果进行判断，示例模型：进阶操作—测试用例仿真.sds，具体步骤如下。

① 创建 SysML 工程，在模型浏览器中选择"model"，单击鼠标右键，打开快捷菜单，选择"创建图"→"模块定义图"，将其命名为"系统组成"。

② 从图元素工具栏中，选择"模块"，单击绘图窗口，创建模块元素，并将其命名为"系统"。

③ 按照同样的方式创建其他模块，如图 4.97 所示。

④ 选择模块元素"系统"，为其创建值属性，如图 4.98 所示。

⑤ 选择值属性"result"，通过关联联想框中的"Set Type"，将其类型设置为"VerdictKind"，如图 4.99 所示。

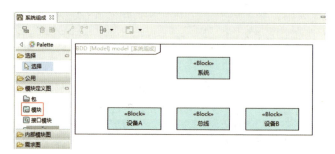

图4.97　创建模块

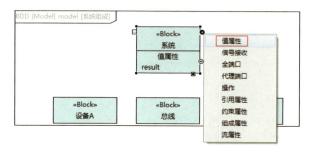

图4.98　为"系统"创建值属性

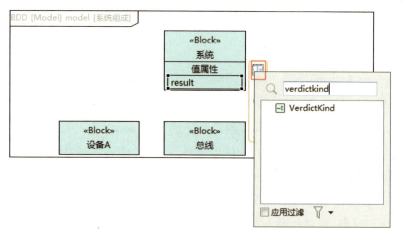

图4.99　设置类型

⑥选择值属性"result",打开其特征属性窗口,选择"Default Value",将其设置为"inconclusive",如图 4.100 所示。默认值设置结果如图 4.101 所示。

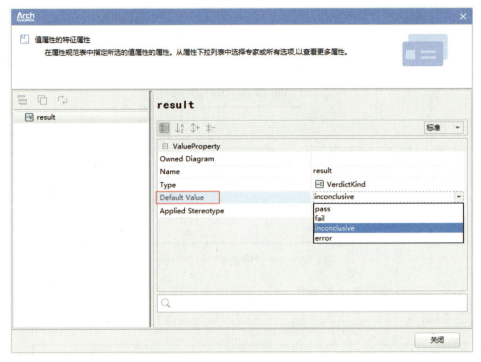

图4.100　设置值属性"result"

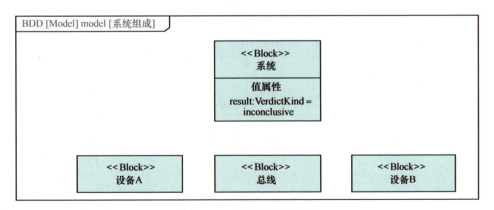

图4.101　默认值设置结果

⑦ 按照同样的方式，在模块元素"设备 B"下创建值属性，并命名为"state"，将其类型设置为"Boolean"，如图 4.102 所示。

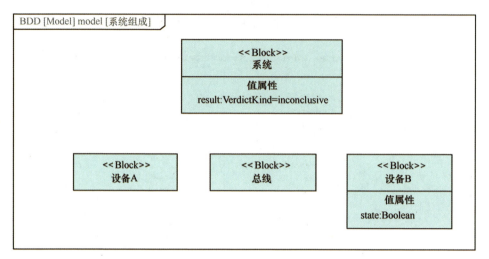

图4.102 为"设备B"创建值属性

⑧ 选择模块元素"系统",通过关联联想框创建组成关联关系(带方向),如图4.103所示。

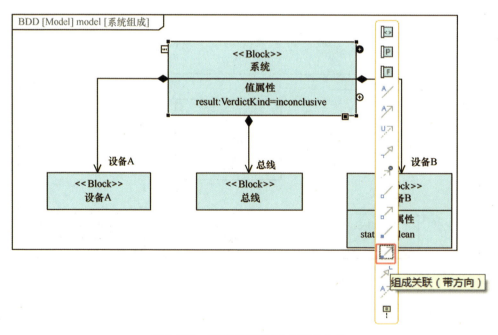

图4.103 组成关联关系(带方向)

⑨ 选择模块元素"系统",单击鼠标右键,打开快捷菜单,选择"创建

第4章 建模工具 SysDeSim.Arch

图"→"内部模块图",并将其命名为"内部结构",如图 4.104 所示。在"部件/端口 显示"界面,勾选"设备A：设备A""设备B：设备B""总线：总线",如图 4.105 所示。

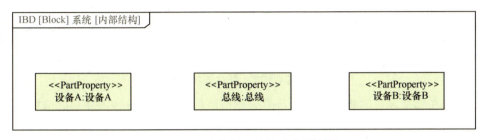

图4.104 "内部结构"内部模块图

图4.105 "部件/端口 显示"界面

⑩ 选中组成部分属性"设备 A：设备 A",通过关联联想框创建代理端口,并将其命名为"pA_Bus"。按照同样的方式,创建其他代理端口,如图 4.106 所示。

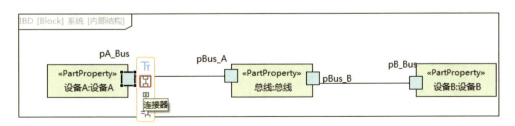

图4.106 创建代理端口

⑪ 选择代理端口"pA_Bus",通过关联联想框中的"连接器"创建与代理端口"pBus_A"的连接。按照同样的方式,创建其他代理端口之间的连接,如

图 4.107 所示。

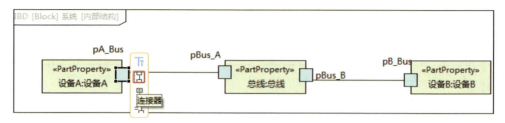

图4.107　创建连接

⑫ 在模型浏览器中选择"model"，单击鼠标右键，打开快捷菜单，选择"创建元素"→"signal"，将其命名为"信号"。

⑬ 打开模块定义图"系统组成"，选择模块元素"总线"，单击鼠标右键，打开快捷菜单，选择"创建图"→"活动图"，并将其命名为"总线信号传递"。

⑭ 从图工具栏中依次创建接收事件动作、发送信号动作、活动最终节点，如图 4.108 所示。

⑮ 在左侧模型树中将信号元素"信号"分别拖曳至接收事件动作、发送信号动作。通过控制流依次连接接收事件动作、发送信号动作、活动最终节点，如图 4.109 所示。

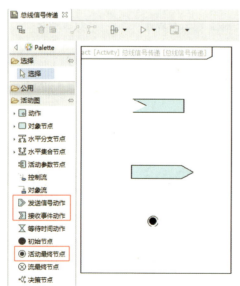

图4.108　创建总线信号活动图

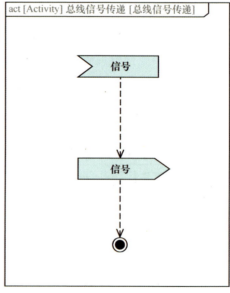

图4.109　创建总线信号控制流

⑯ 选择发送信号动作，打开其特征属性窗口，将"on Port"指定为"pB_Bus"，如图4.110所示。

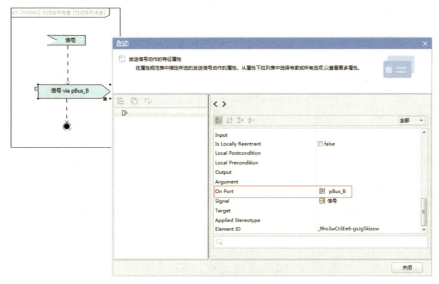

图4.110　设置发送信号端口

⑰ 打开"系统组成"模块定义图，选择模块元素"设备B"，单击鼠标右键，打开快捷菜单，选择"创建图"→"活动图"，并将其命名为"设备B信号传递"。

⑱ 从图工具栏中依次创建接收事件动作、不透明动作和活动最终节点。

⑲ 在左侧模型树中将信号元素"信号"拖曳至接收事件动作上。

⑳ 使用鼠标双击不透明动作，输入"state=true"。通过控制流依次连接接收事件动作、不透明动作、活动最终节点，如图4.111所示。

㉑ 选择接收事件动作，打开其特征属性窗口，将"Port"指定为"pB_

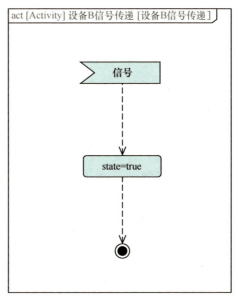

图4.111　创建设备B控制流

Bus",如图 4.112 所示。

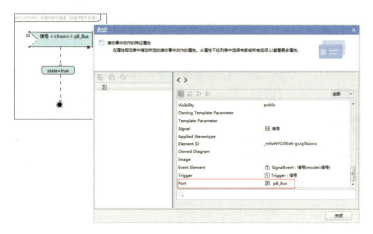

图4.112 设置接收事件动作端口

㉒打开模块定义图中的"系统组成",在图工具栏中的"需求图"下选择"交互测试用例",单击绘图窗口,创建模块元素,将其命名为"测试用例",如图 4.113 所示。

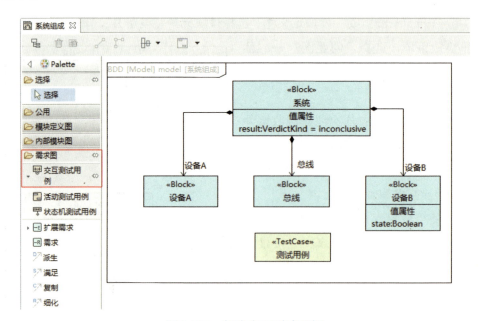

图4.113 创建交互测试用例

㉓ 选择模块元素"系统",单击鼠标右键,打开快捷菜单,选择"创建图"→"活动图",并将其命名为"系统测试"。

㉔ 打开"系统测试"活动图,从图工具栏中依次创建初始节点、不透明动作和活动最终节点。

㉕ 在左侧模型树中将交互测试用例元素"测试用例"拖曳至活动图,生成对应的调用行为动作,如图 4.114 所示。

㉖ 初始节点和调用行为动作"测试用例"之间、不透明动作和活动最终节点之间通过控制流连接。调用行为动作"测试用例"和不透明动作之间通过对象流连接。使用鼠标双击不透明动作,并输入"result=inputValue",如图 4.115 所示。

㉗ 选择调用行为动作"测试用例",单击鼠标右键,打开快捷菜单,选择"创建图"→"顺序图"。

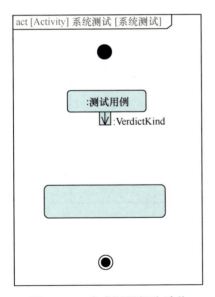

图4.114　生成调用行为动作

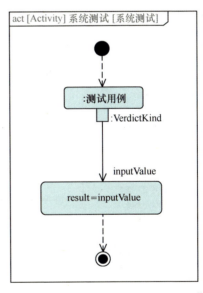

图4.115　输入"result=inputValue"

㉘ 从左侧模型树中选择模块元素"设备 A",将其拖曳至顺序图,生成对应的生命线元素。按照同样的方式创建模块元素"总线"和"设备 B"的生命线元素,如图 4.116 所示。

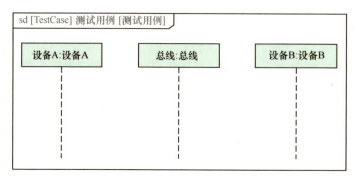

图4.116　创建生命线元素

㉙ 在图元素工具栏中单击"发送消息",创建从生命线元素"设备 A"到"总线"之间的发送消息元素。从左侧模型树中拖曳信号元素"信号"至发送消息元素上,如图 4.117 所示。

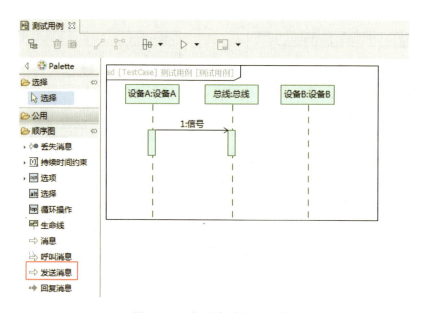

图4.117　创建发送消息元素

㉚ 在图元素工具栏中单击"状态常量",在生命线元素"设备 B"上创建状态常量。使用鼠标双击状态常量,并输入"state==true",如图 4.118 所示。

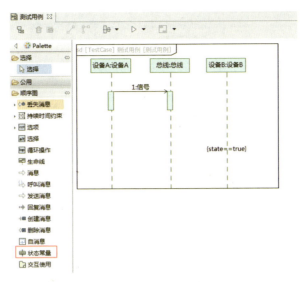

图4.118 创建状态常量

㉛ 在图元素工具栏中单击"持续时间约束",在发送信号和状态常量之间创建持续时间约束,如图 4.119 所示。

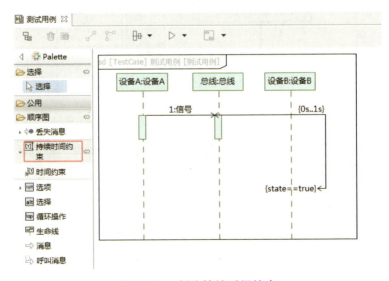

图4.119 创建持续时间约束

㉜ 在图元素工具栏中单击"持续时间约束",打开其特征属性窗口,将"Min"和"Max"设置为"3s",如图 4.120 所示。

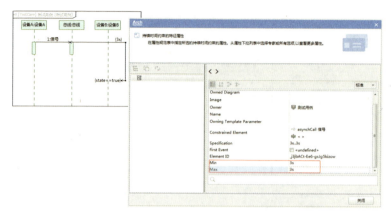

图4.120　设置"Min"和"Max"

㉝ 打开"系统组成"模块定义图，从左侧模型树中依次拖曳"系统测试"活动图、"总线信号传递"活动图、"设备B信号传递"活动图、"测试用例"顺序图至模块定义图，通过关联联想框中的"显示图概览内容"展示缩略图内容，如图4.121所示。

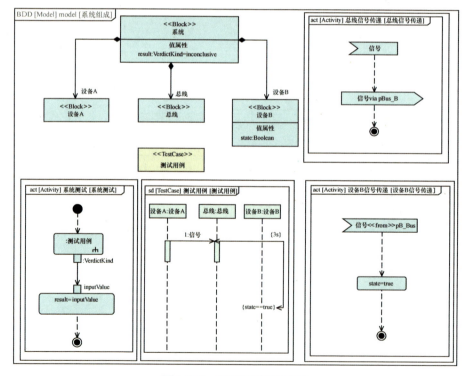

图4.121　缩略图内容展示

㉞ 在左侧模型树中选择模块元素"系统",单击鼠标右键,选择"仿真",如图 4.122 所示。将仿真速度调快,在仿真窗口可以看到,当设备 B 收到信号后,result 会从"inconclusive"变成"pass",如图 4.123 所示。

图4.122　运行仿真

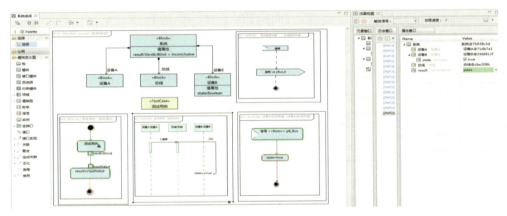

图4.123　测试用例仿真结果(pass)

㉟ 在左侧模型树中选择模块元素"系统",单击鼠标右键,选择"仿真"。将仿真速度调慢,在仿真窗口可以看到,当设备 B 收到信号后,result 会从"inconclusive"变为"fail",如图 4.124 所示。这是因为状态常量的判断结果与实际仿真运行时间有关,当仿真速度较快时,仿真运行至第 3s,state 的值为 true,满足状态常量的判据要求,因此判断结果为 pass;当仿真速度较慢时,仿真运行至第 3s,state 的值为 false,不满足状态常量的判据要求,因此判断结果为 fail。SysDeSim.Arch 的后续版本将支持基于内置时钟的仿真,避免计算性能与仿真速度影响仿真结果。

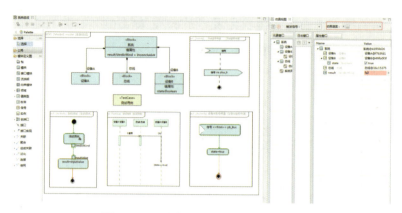

图4.124 测试用例仿真结果（fail）

4.6.4 高级活动动作

SysDeSim.Arch 提供高级活动动作建模功能，支持处理对象流，能够遵从 fUML 标准在仿真过程中对数据进行读取或写入。

① 新建 SysML 工程，命名为"进阶操作—高级活动动作"。在模型浏览器中选择"model"，在"model"下创建"系统构成"模块定义图，如图 4.125 所示。

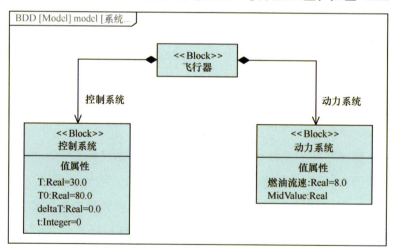

图4.125 "系统构成"模块定义图

② 在模型浏览器中选择模块"飞行器"，在模块"飞行器"下创建"飞行器内部结构"内部模块图。

③ 在模型浏览器中选择模块"控制系统"，在模块"控制系统"下创建"温

度控制"活动图。

④ 在模型浏览器中选择模块"动力系统",在模块"动力系统"下创建"流量控制"活动图,如图 4.126 所示。其中,读取自身动作 <<ReadSelfAction>>、读取范围动作 <<ReadExtentAction>>、读取结构特征动作 <<ReadStructuralAction>>、添加结构特征值动作 <<AddStructural-FeatureValueAction>> 通过图元素工具栏中的"动作"→"任意动作"创建。在 <<ReadStructuralFeatureAction>> 特征属性窗口中将"structuralFeature"项设置为值属性"燃油流速"或者值属性"deltaT";在"ReadExtentAction"特征属性窗口中将"classifier"项设置为模块"控制系统";在"AddStructuralF-eatureValueAction"特征属性窗口中将"structuralFeature"项设置为值属性"燃油流速",并勾选"replaceAll"属性。

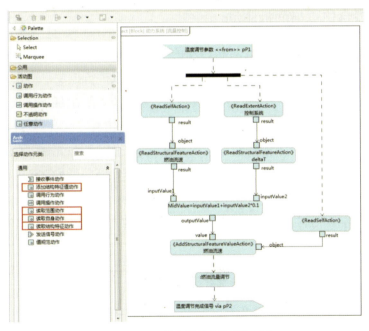

图4.126 "流量控制"活动图

⑤ 从模型浏览器中将"温度控制"和"流量控制"活动图拖曳至"飞行器内部结构"内部模块图,并创建缩略图,在"飞行器内部结构"内部模块图中单击图工具栏中的仿真按钮,然后在仿真视图中启动仿真。联合仿真界面如图 4.127 所示。

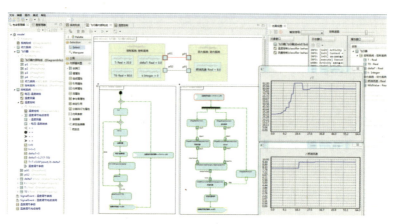

图4.127　联合仿真界面

4.6.5　联合仿真与面板驱动

在状态中嵌入活动可实现对状态图的进一步分析，仿真过程中状态的转换除了通过触发信号下拉菜单控制，也可通过 UI 面板进行控制，实现状态图的仿真，通过在仿真配置图中进行仿真配置可实现图形转换、曲线展示等功能。

① 新建 SysML 工程，命名为"进阶操作—UI 仿真"。在模型浏览器中选择"model"，在"model"下依次创建包元素"状态分析"、包元素"UI 面板"、包元素"UI 仿真"，以及"飞行器平台结构"模块定义图。"飞行器平台结构"模块定义图如图 4.128 所示。

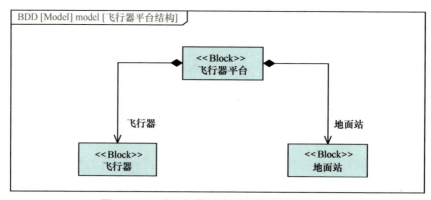

图4.128　"飞行器平台结构"模块定义图

② 在模块"飞行器平台"下创建"飞行器平台内部构成"内部模块图，如

图 4.129 所示。

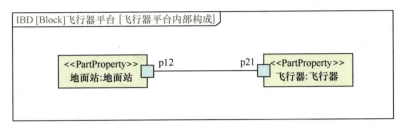

图4.129 "飞行器平台内部构成"内部模块图

③ 在"飞行器"模块下创建"高度控制"状态图。

④ 在模型浏览器中选择"飞行器"模块,在"飞行器"模块下创建值属性"H",默认值为 0;然后在"飞行器"模块下依次创建活动图"初始化""爬升"和"任务执行",如图 4.130 所示。

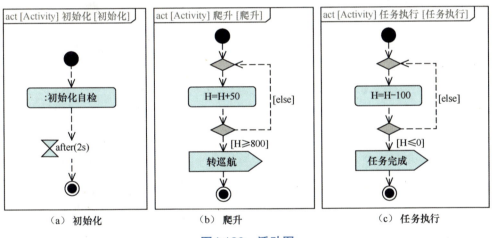

图4.130 活动图

⑤ 将活动元素"初始化"(注意:是活动元素,而不是活动图)从模型浏览器拖曳到绘图窗口的初始化状态中,在弹出的菜单中选择"Do Activity"(为该状态指定 do 行为),如图 4.131 所示。按照同样的方式为"爬升""任务执行"状态指定内部行为。

⑥ 在"地面站"模块下创建"地面站控制"状态图,并在状态图中完成起始状态、状态及转换关系的创建。在"状态分析"包下创建"下达任务指令""地面站待机"等信号元素,然后从模型浏览器中拖曳信号到相应的转换线上,并

指定相应的信号接收端口，如图 4.132 所示。

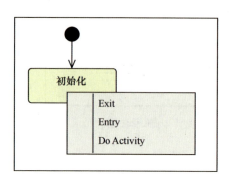

图4.131 指定状态内部行为

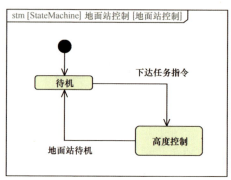

图4.132 "地面站控制"状态图

⑦ 在模型浏览器中选择"地面站"模块，在"地面站"模块下创建"高度控制"活动图，如图 4.133 所示。

⑧ 将活动元素"高度控制"从模型浏览器拖曳到绘图窗口的高度控制状态中，在弹出的菜单中选择"Do Activity"，为高度控制状态指定内部行为。

⑨ 打开模块元素"飞行器"下的"高度控制"状态图，选择"关机"到"开机"之间（转换线上的信号为"通电指令"）的状态转换线，单击鼠标右键，打开其特征属性窗口，将显示模式更改为"全部"，将 Port 设置为"p21"，这意味着"通电指令"信号将通过指定端口从"地面站"模块传递过来进行触发。按照同样的方式，将"初始化"到"爬升"和"巡航"到"任务执行"之间的状态转换线上的 Port 设置为"p21"，如图 4.134 所示。

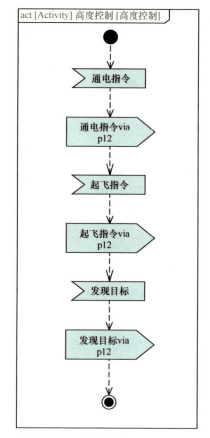

图4.133 "高度控制"活动图

第4章 建模工具 SysDeSim.Arch

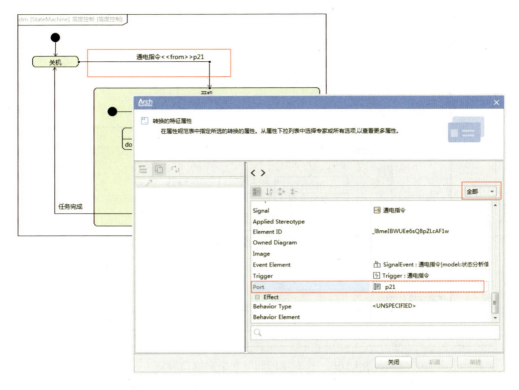

图4.134 指定状态转换中的信号接收端口

⑩ 在模型浏览器中选择"地面站控制"状态图,将其拖曳到"飞行器平台内部构成"内部模块图,形成缩略图。按照同样的方式拖曳"高度控制"状态图、"高度控制"活动图、"初始化"活动图、"爬升"活动图和"任务执行"活动图到"飞行器平台内部构成"内部模块图,形成缩略图。

⑪ 在模型浏览器中选择模块元素"飞行器平台",单击鼠标右键,打开快捷菜单,选择"仿真",或单击图工具栏中的运行图标。在"仿真视图"窗口中的"属性窗口"选择需要监控的值属性(高度 H)。单击鼠标右键,打开快捷菜单,选择"显示时间序列图",单击启动图标,开始仿真,仿真过程中通过"仿真视图"中的"元素窗口"选择对应模块,然后通过"触发信号"下拉菜单触发状态转换。"高度控制"状态图端口设置如图 4.135 所示,仿真效果如图 4.136 所示。

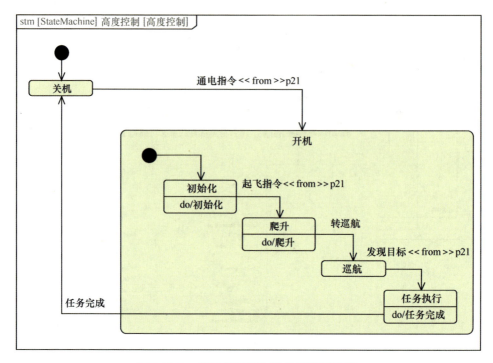

图4.135 "高度控制"状态图端口设置

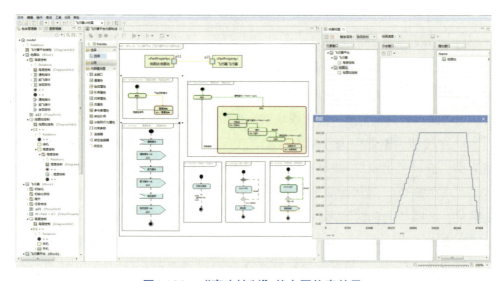

图4.136 "高度控制"状态图仿真效果

UI 仿真部分的具体步骤如下。

① 在模型浏览器中，选择包元素"UI 仿真"，单击鼠标右键，打开快捷菜单，选择"创建图"→"仿真配置图"，将其命名为"飞行器 UI 仿真"。通过图元素工具栏在绘图窗口创建"仿真配置"元素，将其命名为"飞行器 UI 仿真"，在该元素上单击鼠标右键打开特征属性窗口，并将"executionTarget"设置为"飞行器平台"。

② 通过图元素工具栏在仿真配置图中创建时间序列图，将其命名为"高度 H"，打开其特征属性窗口，将"represents"设置为"飞行器"；将"Value"设置为"H"。

③ 通过图元素工具栏在仿真配置图中创建图片开关，将其命名为"飞行器状态"，从模型浏览器中拖曳模块"飞行器"至"飞行器状态"图片开关，并将"represents"指定为"飞行器"。

④ 从图元素工具栏中拖曳"激活的图片"到"飞行器状态"图片开关，将其命名为"爬升"，打开其特征属性窗口，将"activeElemment"设置为"爬升"，将"ActiveImage"设置为本地图片"爬升"。

⑤ 按照同样的方式在"飞行器状态"图片开关中创建激活的图片"关机""巡航"和"任务执行"，通过特征属性窗口分别将"activeElemment"设置为"关机""巡航"或"任务执行"，将"ActiveImage"设置为本地图片"关机""巡航"或"任务执行"。仿真配置如图 4.137 所示。

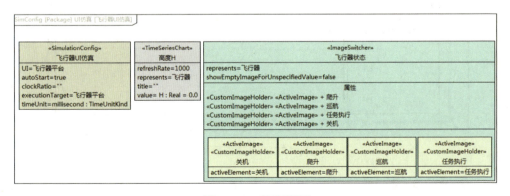

图 4.137　仿真配置

⑥ 在模型浏览器中选择包元素"UI 面板"，单击鼠标右键，打开快捷菜单，选择"创建图"→"仿真 UI 图"，将其命名为"高度控制信号面板"。

⑦ 通过图元素工具栏，在仿真 UI 图中创建框架，在框架中创建两个组合框、两个面板，然后在一个组合框中创建 5 个按钮，在另一个组合框中创建一个文本框。在模型浏览器中，选择模块元素"飞行器平台"，将其拖曳到"框架"元素符号中；选择组成属性"地面站"，将其拖曳到包含 5 个信号的组合框元素符号中；选择组成属性"飞行器"，将其拖曳到包含一个文本框的组合框元素符号和两个"面板"元素符号中；将对应信号分别拖曳到相应的"按钮"元素符号中，将值属性"H"拖曳到"文本框"元素符号中，将时间序列图"高度 H"和图片开关"飞行器状态"分别拖曳到"面板"元素符号，如图 4.138 所示。

图4.138　UI仿真面板

⑧ 选择 SimulationConfig 元素"飞行器 UI 仿真"，打开其特征属性窗口，将 UI 属性设置为"飞行器平台"。在主工具栏单击"飞行器 UI 仿真"右侧的启动图标，开始仿真，仿真过程中通过 UI 面板按钮触发状态转换。仿真效果如图 4.139 所示。

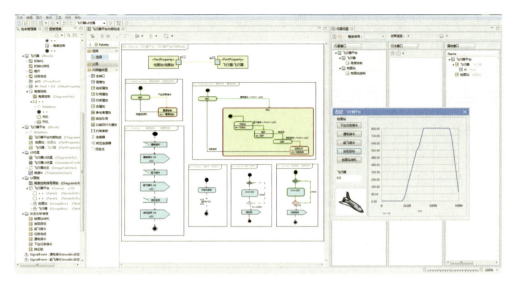

图4.139　状态图（高度控制）UI仿真

4.6.6　FMU集成

SysDeSim.Arch 提供 FMU 模型集成功能，支持调用 FMU 模型进行计算。本节以无人机飞控系统为对象，通过在模型中给定相应的默认速度和初始位置，实现无人机位置的实时计算。FMU 文件中封装了无人机三相坐标的计算过程。示例模型：进阶操作—FMU 集成。建模过程：通过 Simulink 创建数学函数"Control_calculation"，表达式为：

UAV_X=UAV_X0+V_X*(T_GNC-T0)；

UAV_Y=UAV_Y0+V_Y*(T_GNC-T0)；

UAV_Z=UAV_Z0+V_Z*(T_GNC-T0)；

Simulink 数学模型如图 4.140 所示。

在计算机上配置 C 语言编译环境，安装 FMIKit 插件（版本 2.9.0）。打开 Simulink 的"Configuration Parameters"界面，在左侧的"Solver"中，将"Type"设置为"Fixed-step"，将"Solver"设置为"ode2(Heun)"；在左侧的"Code Generation"中，将"System target file"设置为"grtfmi.tlc"；在左侧的"CMake"中，将"CMake command"设置为 FMIKit 插件中"cmake.exe"的安装位置（注意：

FMU 模型文件存放路径应与工程存放路径一致），将"CMake generator"设置为"MinGW Makefiles"，如图 4.141 所示。通过主菜单界面中的"Build Model"导出 FMU 模型"Flight_control_algorithm.fmu"。

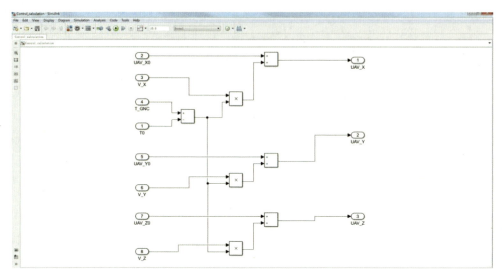

图4.140　Simulink数学模型

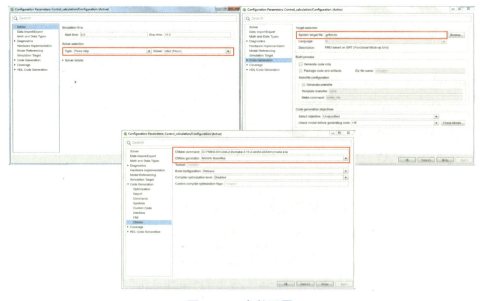

图4.141　参数配置

新建 SysML 工程，并将其命名为"FMU 集成"。在模型浏览器中选择"model"，单击鼠标右键，打开快捷菜单，选择"创建图"→"模块定义图"，并将其命名为"飞控系统定义"。创建模块元素"飞控系统"，并在模块元素"飞控系统"中创建值属性，如图 4.142 所示。

在"飞控系统"模块下创建"计时"活动图，如图 4.143 所示。

图4.142　"飞控系统定义"模块定义图　　图4.143　"计时"活动图

在"飞控系统"模块下创建"FMU 集成"参数图并显示相应的值属性，如图 4.144 所示。

将文件夹中的 FMU 文件"Flight_control_algorithm"拖曳至参数图"FMU 集成"绘图窗口，此时 SysDeSim.Arch 会自动解析 FMU 文件中的参数，并通过"FMU 导入选择"界面选择需要导入的参数，以及是否将参数作为端口，如图 4.145 所示。

导入 FMU 文件后，SysDeSim.Arch 会自动将 FMU 文件转换为模块显示在模型浏览器中，并将参数显示在模块下；同时在参数图中会生成组成属性，并显示相应端口，如图 4.146 所示。

通过绑定连接器在值属性和参数之间建立连接，完成参数图的构建，如图 4.147 所示。

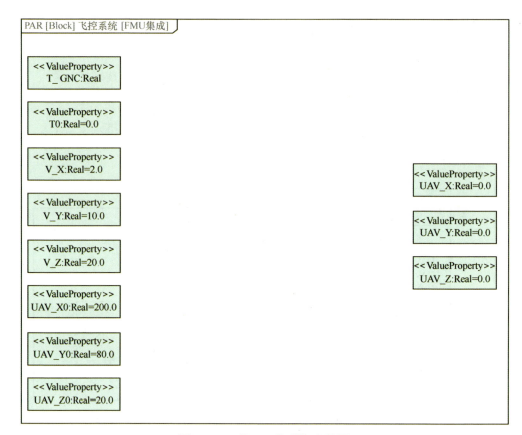

图4.144 "FMU集成"参数图

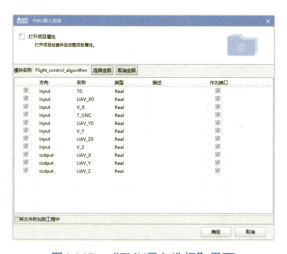

图4.145 "FMU导入选择"界面

第4章 建模工具 SysDeSim.Arch

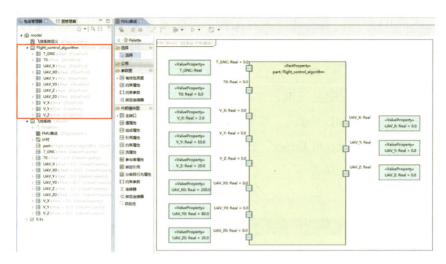

图4.146 导入FMU文件

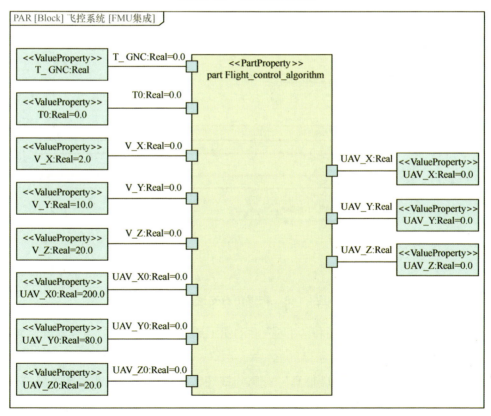

图4.147 连接值属性和参数

175

对于 FMU 集成，需要通过仿真配置启动仿真才能对 FMU 文件进行计算。在模型浏览器中选择"model"，单击鼠标右键，打开快捷菜单，选择"创建图"→"仿真配置图"，将其命名为"FMU 仿真配置"，通过图元素工具栏在仿真配置图中创建仿真配置元素，并将其命名为"FMU 仿真"。在绘图窗口中选择仿真配置元素"FMU 仿真"，单击鼠标右键，打开其特征属性窗口。在特征属性窗口中将"Execution Target"设置为"飞控系统"，将"Step Size"设置为"1.0"（步长应与 FMU 模型步长一致），将"Auto Start"设置为"false"，如图 4.148 所示。

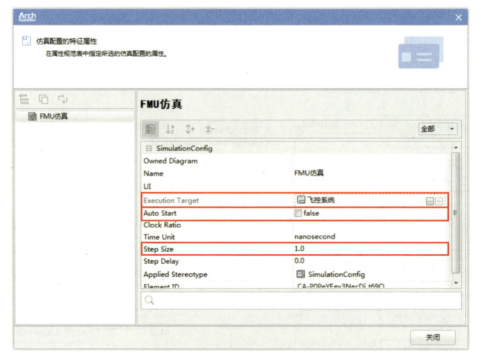

图4.148　配置仿真元素属性

将"FMU 集成"参数图和"计时"活动图形成缩略图显示在"飞控系统定义"模块定义图中，如图 4.149 所示。

在主工具栏选择"FMU 仿真"右侧的按钮，在仿真窗口中选择需要监控的值属性（UAV_X、UAV_Y、UAV_Z），单击鼠标右键，打开快捷菜单，选择"显示时间序列图"，启动仿真。FMU 集成仿真结果如图 4.150 所示。

第 4 章 建模工具 SysDeSim.Arch

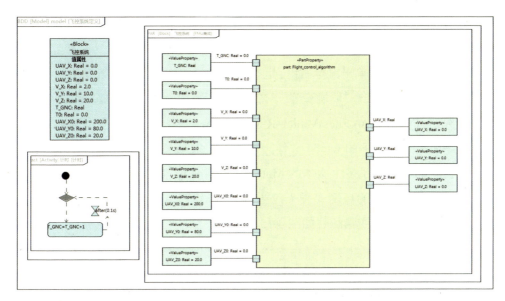

图4.149　在"飞控系统定义"模块定义图中创建缩略图（FMU集成）

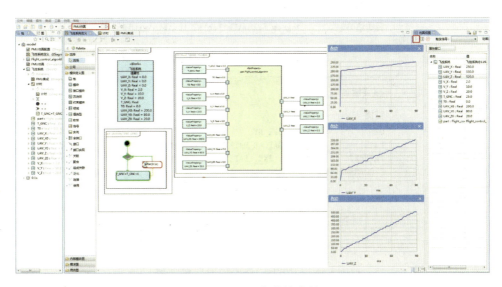

图4.150　FMU集成仿真结果

4.6.7　Matlab 集成

SysDeSim.Arch 提供复杂计算工具集成功能，支持在不透明表达式及约束属性中调用 Matlab 等第三方专业计算工具来完成复杂的计算。Matlab2018a 的环境配置及建模步骤如下。

① 在本地计算机单击鼠标右键，选择"属性"，单击"高级系统设置"，在"高级系统设置"界面单击"环境变量"，在系统变量"Path"中添加 Matlab 的安装路径，例如：D:\Program Files\Matlab\R2018a\bin\win64（注意：需要精确到 Matlab 应用程序所在根目录下的 win64 文件，盘符应为大写），完成 Matlab 本地环境变量的配置。如果安装了多个版本的 Matlab，则应保证与 R2018a 版本相关的环境变量在其他版本相关的环境变量（包括 %MD_MATLAB_ MATHENGINE%）之前。Matlab 本地环境变量配置如图 4.151 所示。

图4.151　Matlab本地环境变量配置

② 选择 SysDeSim.Arch，单击鼠标右键，选择"以管理员身份运行"，在主菜单单击"集成"，选择"MATLAB 集成"，单击"集成/取消集成"按钮，选择路径和版本，单击"确定"按钮。完成集成后，需要重启计算机。Matlab 集成配置如图 4.152 所示。

第4章 建模工具 SysDeSim.Arch

图4.152 Matlab集成配置

③ 新建 SysML 工程，并将其命名为"进阶操作—Matlab 集成"。在模型浏览器中选择"model"，在"model"下新建包元素，命名为"Matlab 语言集成"，在"Matlab 语言集成"下创建模块元素"控制系统"。在模型树中选择模块"控制系统"，单击鼠标右键，打开快捷菜单，选择"创建元素"→"ValueProperty"，创建一个值属性，将其命名为"T"，通过特征属性窗口将其类型设置为"Real"，默认值为 30。按照同样的方式创建 Real 类型的值属性"T0"和"DeltaT"，以及 Integer 类型的值属性"t"，将"T0"设置为 80，将"DeltaT"和"t"设置为 0。

④ 在"控制系统"模块下创建活动图"温度控制"，"温度控制"活动如图 4.153 所示。

⑤ 在"温度控制"活动图中选择不透明表达式"T=T+0.03*pow(t, 3) - deltaT"，打开其特征属性窗口，选择"bodyAndLanguage"，将默认语言从"English"改为"Matlab"，并将表达式修改为"T=T+0.03*t^3-deltaT"。更改不透明表达式计算语言及表达式如图 4.154 所示。

179

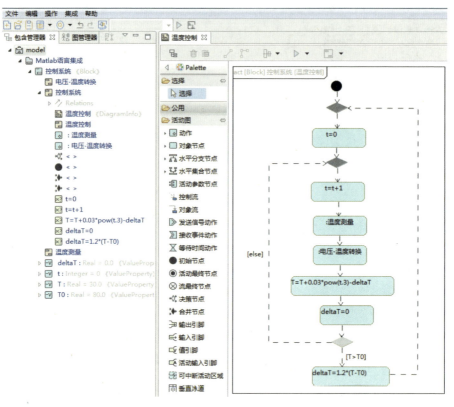

图4.153 "温度控制"活动图

图4.154 更改不透明表达式计算语言及表达式

⑥ 单击图工具栏中仿真按钮下拉菜单中的"带上下文运行",则该模块及其组成部分属性类型模块下的活动均会参与仿真。在仿真窗口中选择需要监控的

值属性（温度 T），单击鼠标右键，打开快捷菜单，选择"显示时间序列图"，单击启动按钮，调用 Matlab 求解仿真，如图 4.155 所示。初次调用，启动时间较长。

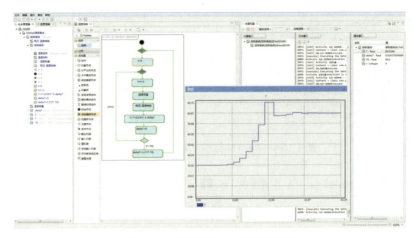

图4.155　调用Matlab求解仿真

⑦ SysDeSim.Arch 提供 M 文件集成功能，支持调用 M 文件进行求解计算。以无人机飞控系统为对象，通过 M 文件定义无人机三相坐标的解算过程，在 SysDeSim.Arch 中给出相应的默认速度和初始位置，实现无人机位置的实时计算。

⑧ 在 Matlab 中新建函数，在函数文件

"Function[UAV_X, UAV_Y, UAV_Z]=UAV_control(UAV_X0, V_X, UAV_Y0, V_Y, UAV_Z0, V_Z, T_GNC, T0)"和"end"之间编写函数，输入无人机三相坐标的求解公式：

UAV_X=UAV_X0+V_X*(T_GNC-T0)；

UAV_Y=UAV_Y0+V_Y*(T_GNC-T0)；

UAV_Z=UAV_Z0+V_Z*(T_GNC-T0)。

其中 UAV_X0 表示无人机 X 方向初始坐标，UAV_Y0 表示无人机 Y 方向初始坐标，UAV_Z0 表示无人机 Z 方向初始坐标，UAV_X 表示无人机 X 方向坐标，UAV_Y 表示无人机 Y 方向坐标，UAV_Z 表示无人机 Z 方向坐标，V_X 表示无人机 X 方向的速度，V_Y 表示无人机 Y 方向的速度，V_Z 表示无人机 Z 方向的速度，T0 表示起始时刻，T_GNC 表示当前时刻。

⑨ 保存 M 文件，将其命名为"UAV_control.m"，实现无人机三维坐标的求解，

如图 4.156 所示。注意：M 文件命名应与函数名一致，存放路径应与工程存放路径一致。

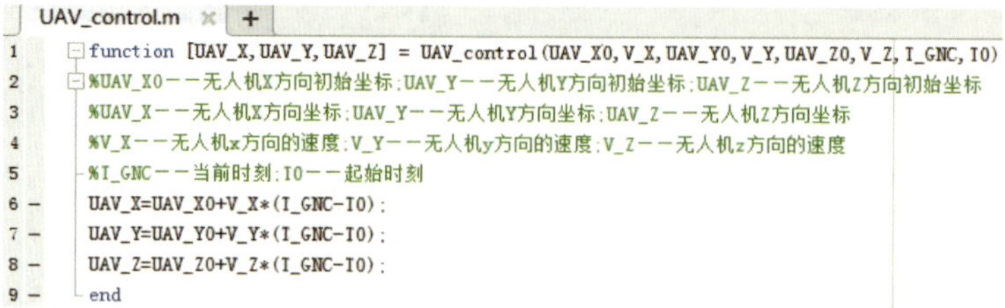

```
UAV_control.m
1  function [UAV_X, UAV_Y, UAV_Z] = UAV_control (UAV_X0, V_X, UAV_Y0, V_Y, UAV_Z0, V_Z, I_GNC, I0)
2  %UAV_X0－－无人机X方向初始坐标;UAV_Y－－无人机Y方向初始坐标;UAV_Z－－无人机Z方向初始坐标
3  %UAV_X－－无人机X方向坐标;UAV_Y－－无人机Y方向坐标;UAV_Z－－无人机Z方向坐标
4  %V_X－－无人机x方向的速度,V_Y－－无人机y方向的速度,V_Z－－无人机z方向的速度
5  %T_GNC－－当前时刻;I0－－起始时刻
6  UAV_X=UAV_X0+V_X*(I_GNC-I0);
7  UAV_Y=UAV_Y0+V_Y*(I_GNC-I0);
8  UAV_Z=UAV_Z0+V_Z*(I_GNC-I0);
9  end
```

图4.156　编写M函数"UAV_control"

⑩ 选择"model"，单击鼠标右键，打开快捷菜单，选择"创建元素"→"package"，将其命名为"M 文件集成"。在模型浏览器中选择包元素"M 文件集成"，单击鼠标右键，打开快捷菜单，选择"创建图"→"模块定义图"，并将其命名为"飞控系统定义"，通过图元素工具栏在模块定义图中创建模块元素，将其命名为"飞控系统"。在绘图窗口选择模块元素"飞控系统"，为其创建值属性，将值属性"name"指定为"UAV_X"，类型指定为"Real"，默认值指定为 0。按照同样的方式在模块元素"飞控系统"中创建其他值属性。

⑪ 在模型浏览器中选择模块元素"飞控系统"，单击鼠标右键，打开快捷菜单，选择"创建图"→"活动图"，将活动图和活动元素均命名为"计时"，用于对 T_GNC 的值进行循环加 1。在活动图中创建初始节点、合并节点、不透明动作、等待时间动作。使用鼠标双击等待时间动作的括号，输入时间"0.1s"。

⑫ 在左侧模型浏览器中选择模块元素"飞控系统"，单击鼠标右键，打开快捷菜单，选择"创建图"→"参数图"，在"部件/端口 显示"界面勾选所有值属性，单击"确定"按钮，将参数图命名为"M 文件集成"。

⑬ 从文件夹中选择 M 文件"UAV_control.m"，拖曳至参数图"M 文件集成"绘图窗口，则软件会自动将 M 文件转换为约束模块，并显示参数。选择约束属性中的端口，通过关联联想框中的"绑定连接器"在值属性和参数之间建立连接，

完成参数图的构建。"专业模型集成"参数图如图 4.157 所示。

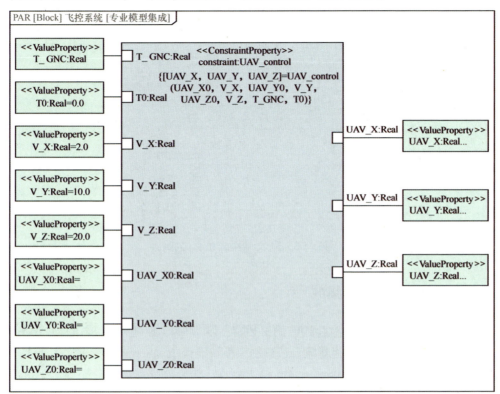

图4.157 "专业模型集成"参数图

⑭ 从左侧模型浏览器中，使用鼠标双击打开"飞控系统定义"模块定义图，将"M 文件集成"参数图拖曳到绘图窗口形成缩略图，单击缩略图图标，通过关联联想框中的"显示图概览内容"显示参数图。按照同样的方式将"计时"活动图形成缩略图显示在模块定义图中。

⑮ 在左侧模型浏览器中选择模块元素"飞控系统"，单击鼠标右键，打开快捷菜单，选择"仿真"，则软件会自动调用 M 文件进行求解计算。在仿真窗口中选择需要监控的值属性（UAV_X、UAV_Y、UAV_Z），单击鼠标右键，打开快捷菜单，选择"显示时间序列图"，单击启动按钮启动仿真。M 文件集成仿真结果如图 4.158 所示。

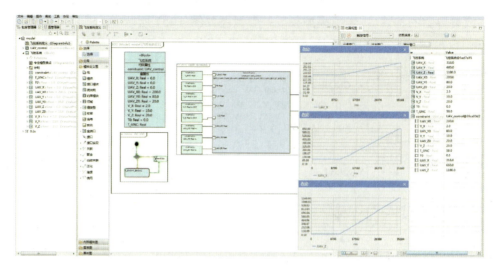

图4.158　M 文件集成仿真结果

4.6.8　JavaScript 集成

SysDeSim.Arch 提供 JavaScript 集成功能，支持调用 JavaScript 语言进行求解。本案例以无人机飞控系统为对象，通过约束模块调用 JavaScript 语言定义了无人机三相坐标的解算过程，在模型中给定相应的默认速度和初始位置，实现无人机位置的实时解算。示例模型：进阶操作—JavaScript 集成.sds。建模过程如下。

① 新建 SysML 工程，并将其命名为"JavaScript 集成"。在模型浏览器中选择"model"，单击鼠标右键，打开快捷菜单，选择"创建图"→"模块定义图"，将其命名为"飞控系统定义"，创建模块元素"飞控系统"，并在模块元素"飞控系统"中创建值属性。

② 通过图元素工具栏在模块定义图中创建约束模块，在"◇"下的空白处双击鼠标并输入名称"JavaScript 算法"，如图 4.159 所示。选择约束模块中约束属性下方的大括号，打开特征属性窗口，选择 Specification 属性，单击后方的"…"打开属性编辑窗口，将语言指定为 JavaScript；在主体部分键入无人机三相坐标的求解公式：

UAV_X=UAV_X0+V_X*（T_GNC-T0）;

UAV_Y=UAV_Y0+V_Y*（T_GNC-T0）;

UAV_Z=UAV_Z0+V_Z*（T_GNC-T0）。

图4.159　指定JavaScript语言

③ 在模块定义图中选择约束模块"JavaScript 算法",通过关联联想框中的"解析表达式并且创建参数",则可自动识别 JavaScript 中的输入输出参数并在约束模块中创建约束参数。解析表达式并且创建参数如图 4.160 所示,"JavaScript 算法"约束模块如图 4.161 所示。

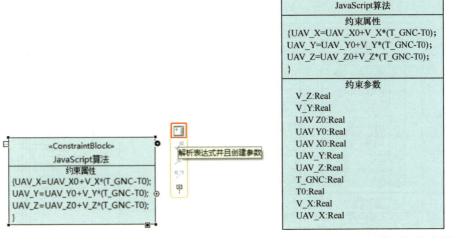

图4.160　解析表达式并且创建参数　　　图4.161　"JavaScript算法"约束模块

④ 在模块"飞控系统"下创建"计时"活动图。

⑤ 在模块"飞控系统"下创建"JavaScript 集成"参数图并显示相应的值属性。

⑥ 从模型浏览器中选择约束模块"JavaScript 算法",拖曳至参数图"JavaScript 集成"绘图窗口,在参数图中会自动生成约束属性并显示端口。通过连接器在值属性和参数之间建立连接,完成参数图的创建。"JavaScript 集成"参数图如图 4.162 所示。

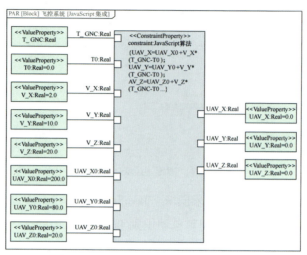

图4.162 "JavaScript集成"参数图

⑦ 将"JavaScript集成"参数图和"计时"活动图形成缩略图显示在模块定义图"飞控系统定义"中,如图4.163所示。

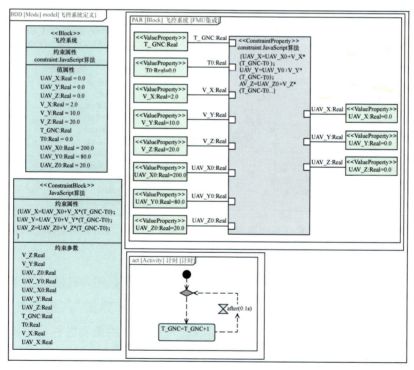

图4.163 在"飞控系统定义"模块定义图中创建缩略图(JavaScript集成)

⑧ 在左侧模型浏览器中选择模块元素"飞控系统",单击鼠标右键,打开快捷菜单,选择"仿真",在仿真窗口中选择需要监控的值属性(UAV_X、UAV_Y、UAV_Z),单击鼠标右键,打开快捷菜单,选择"显示时间序列图",启动仿真。JavaScript 集成仿真结果如图 4.164 所示。

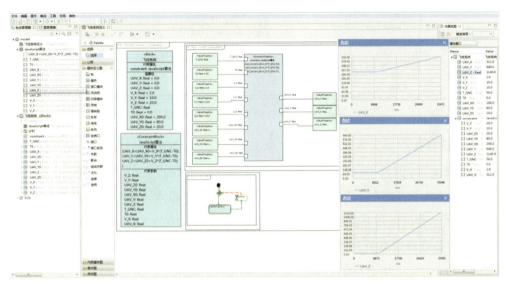

图4.164　JavaScript集成仿真结果

4.6.9　领域特定语言建模

SysDeSim.Arch 支持用户创建并应用自定义的元素构造类型。新建构造型不能与其他概要文件下的构造型建立关联关系;在使用协同模块时,自定义构造型一经定义不可修改、删除。

① 新建工程并命名为"进阶操作—领域特定语言"。在模型浏览器中选择"model",单击鼠标右键,打开快捷菜单,选择"创建图"→"概要文件图",将其命名为"概要文件图"。

② 从图元素工具栏中选择"概要文件"元素,在绘图窗口中创建元素,并将其命名为"无人系统领域概要文件"。从图元素工具栏中选择"构造型"元素,在绘图窗口"无人系统领域概要文件"中创建构造型元素,并将其命名为"无人机",如图 4.165 所示。若有需要,则可在特征属性中更改构造型的元类。

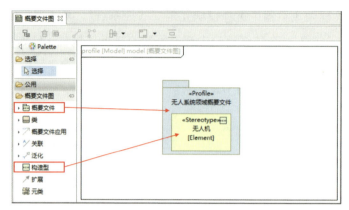

图4.165 创建概要文件和构造型

③ 选择构造型元素"无人机",单击元素符号右侧的新建属性按钮,添加属性名称及类型,例如:"▫型号系列:String""▫航程:Real""▫起飞质量:Real"(注意:":"需为英文符号,属性类型需拼写准确且首字母大写,也可创建属性后通过特征属性窗口指定其类型;"▫"表示特征属性窗口中的 Visibility 为"private";注意:需要选择带有符号的类型)。选择概要文件元素"无人系统领域概要文件",单击"▫",完成构造型的创建及定义,如图 4.166 所示。

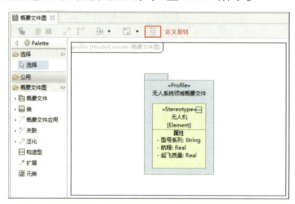

图4.166 创建及定义构造型

④ 在模型浏览器中选择"model",在"model"下创建模块定义图,命名为"模块定义图",在模块定义图中,创建模块元素并命名为"飞鹰—5号"。在绘图窗口选择"飞鹰—5号"模块,单击鼠标右键,打开快捷菜单,选择"构造类型",勾选"无人机"并应用,如图 4.167 所示。

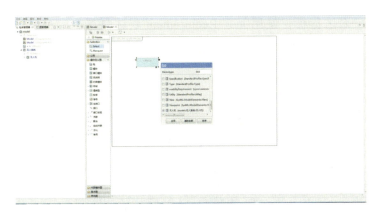

图4.167 应用构造型

⑤ 在模块的特征属性窗口中为构造型创建的 3 个属性项（型号系列、航程、起飞质量）赋值，确保特征属性窗口显示模式为"全部"，以便查看所有属性，完成领域特定模型的复用。指定构造型属性如图 4.168 所示。

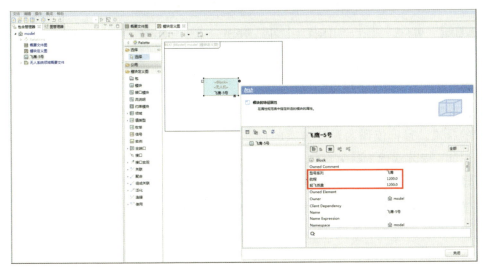

图4.168 指定构造型属性

4.6.10 指标建模

随着设计过程的深入，每项指标要求都将包括需求值、目标值、分配值、验证值、评估值这 5 类值，又称"五值"。在 SysML 中，可以使用元素

ValueProperty 表达指标，使用元素 Requirement 表达需求。"五值"的指标体系模型构建技术如图 4.169 所示。

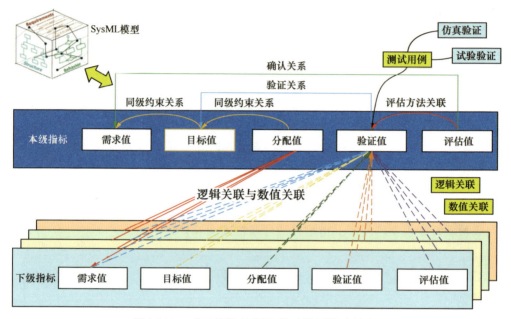

图4.169 "五值"的指标体系模型构建技术

需求值是外部用户或上级向本级输入的要求值，也是最后确认是否满足要求的标准。目标值作为设计方案的目标输入，通常根据需求值确定且更严格。分配值记录本级向下级分系统/设备分配的指标关系，在本级的集合通常比目标值更为严格，随着技术状态变化，分配状态与分配值也在不断改变，而目标值通常不变。验证值包括各级别测试用例形成的分析与试验值，需要与验证用例建立关联。评估值是通过分析、处理、选择，得到的满足真实性/覆盖性要求的综合评估值，用以确认需求值是否得到了满足。

在指标体系中，除了存储指标的这 5 类值，还应存储指标间的 5 种关系。第一种关系是同一指标的同级约束关系。例如，目标值应比需求值更严格、分配值应比目标值更严格，当指标的目标值超过需求值上下限，或分配值超过目标值上下限时，应进行告警提示。第二种关系是本级指标与下级指标间的分配关系。本级指标分配值既记录上下级指标间的约束关系，又记录下级指标综合形成的上级指标值，并通过是否分配、是否验证、是否可计算等状态进行标记。分配到下级的指标值将作为下级分系统/设备的需求值在下一级进行存储与管理。约束关系又分为逻辑约束关联与数值约束关联，前者通过 SysML 模型中的关联、泛化、依赖等关系定义与维护，后者通过绑定计算模板实现自动计算。同样，在验证时也可以通过同一套上下级指标间约束关系实现自下而上的关联验证。第三种关系是评估值与验证值间的关联。通过不同评估方法对各类验证值进行分析、处理、选择，从而最终得到满足真实性/覆盖性要求的综合评估值。最后两种关系分别是验证值与目标值之间的验证关系、评估值与需求值之间的确认关系。验证是逐步细化的，可以逐次代入下一级需求值、目标值、分配值、验证值与评估值进行验证，用以确认设计方案是否满足设计目标。

评估值也是有阶段的，随着设计的逐步细化而不断演进，最终得到唯一的评估值，用以最终确认需求是否得到满足。通过扩展 SysML 的指标概要文件与<<指标>>构造型，可以实现对指标"五值"的管理。具体来说，为 SysML 元素值类型扩展需求值、目标值、分配值、验证值、评估值这 5 个值属性，用于存储指标"五值"，通过<<指标>>构造型对其进行标识。例如，在模型中创建一个名为"总质量"的<<指标>>，则其将自动拥有需求值、目标值、分配值、验证值、评估值这 5 个值属性。在"飞行器"模块内创建一个名为"总质量"的<<值属性>>，并将其类型指定为<<指标>>"总质量"，则该值属性将可索引到对应的"五值"，且"五值"均可参与参数求解，并可以应用参数图基于需求值和分配值进行指标分配方案的初步校验。

本节案例重点演示通过分系统指标的需求值求解系统级指标的分配值，实现指标分解的过程。

① 新建 SysML 工程，将其命名为"进阶操作—指标分析"。在模型浏览器中选择"model"，在"model"下创建如图 4.170 所示的"系统结构"模块定义图。从图元素工具栏中，选择"指标"元素，在绘图窗口中，将其命名为"STP_Mass"，并将"Required_value: Real"设置为 600.0，如图 4.171 所示。

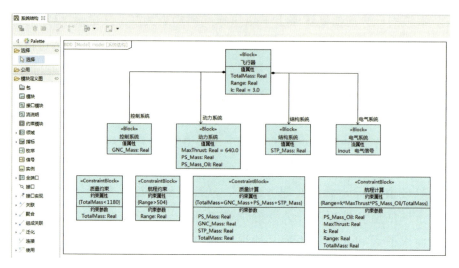

图4.170 "系统结构"模块定义图

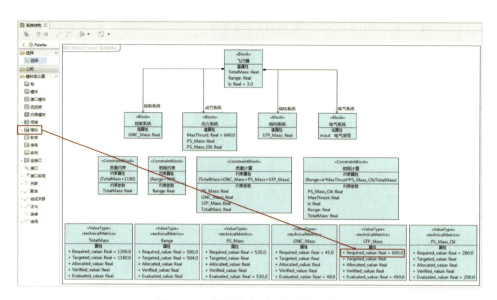

图4.171 设置指标名称和默认值

② 将模块元素"结构系统"下的值属性元素"STP_Mass：Real"更改为指标元素"STP_Mass",如图4.172所示。创建其他指标元素并将其指定为相应值属性的类型,为所有分系统质量、动力系统载油量相应的指标元素设置需求值及初始值。

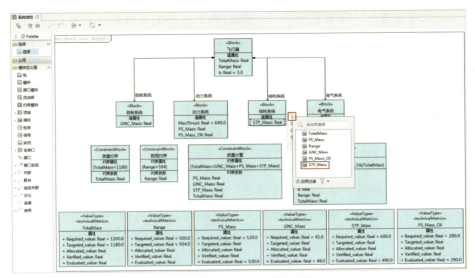

图4.172 更改值属性类型

③ 在模型浏览器中选择模块元素"飞行器",创建参数图,在"部件/端口 显示"界面中选择参与计算的组成部分属性、值属性、约束属性与相应的指标值(可参照图 4.173 选择指标),单击"确定"按钮,自动生成初始参数图,将参数图名称指定为"指标计算"。拖曳"航程约束"等约束模块到参数图,生成相应的约束属性。注意:本案例求解的是飞行器系统级总质量"TotalMass"与航程"Range"的分配值。

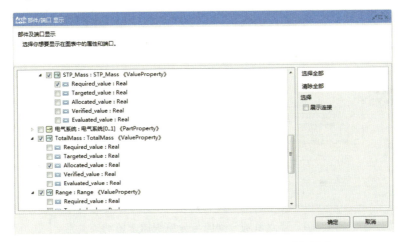

图4.173 在"部件/端口 显示"界面中选择指标

④ 完成值属性、指标值与约束参数的绑定。在使用绑定连接器连接时，应将连线连接到相应的指标值（如 Required_value）上，建立系统分配值与分系统需求值的约束关系，如图 4.174 所示。

⑤ 启动仿真，在仿真视图中的属性窗口显示计算结果，系统分配值计算结果（不满足目标值）如图 4.175 所示。

总体设计师根据用户提出的需求值来制定系统总质量和航程的目标值，分别为 1180kg 和 504km。该方案计算得到的总质量为 1215kg，航程为 505km，只有航程满足目标值，而总质量不满足，因此需要调整方案。对分系统需求值进行调整之后，经过计算得到的系统分配值满足目标值，系统分配值计算结果（优化调整后）如图 4.176 所示，此时可将该方案分配值下发给各分系统设计师。

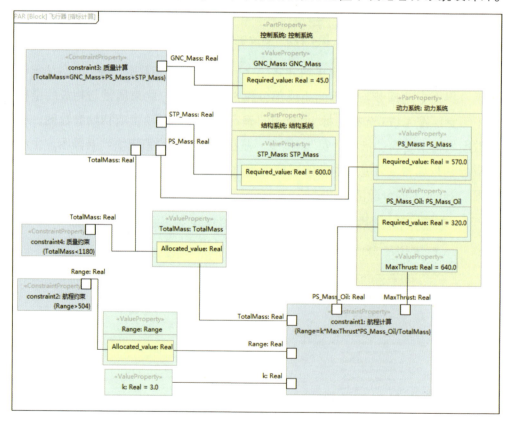

图4.174 建立系统分配值与分系统需求值约束关系

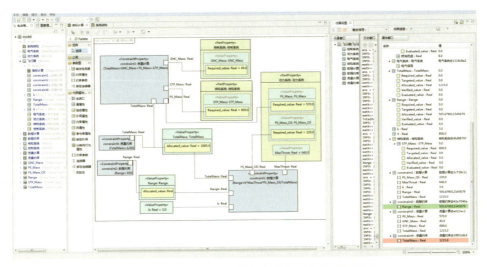

图4.175　系统分配值计算结果（不满足目标值）

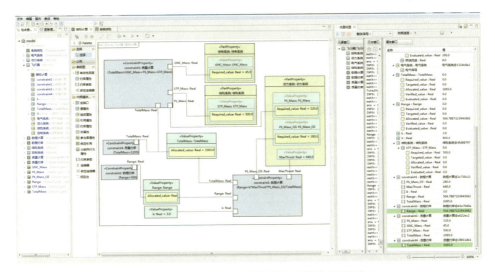

图4.176　系统分配值计算结果（优化调整后）

用同样的方式在评估值和验证值之间进行验证，假设控制系统质量评估值为48kg，动力系统质量评估值为530kg，结构系统质量评估值为490kg，载油量评估值为290kg，得到总质量验证值1068kg，航程验证值为521km，均在目标值范围之内。计算结果如图4.177所示。

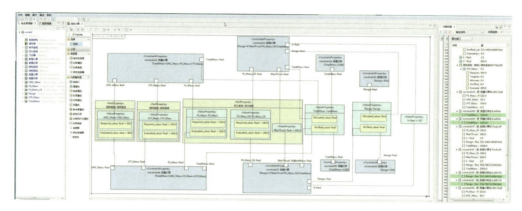

图4.177　计算结果

根据参数计算得到满足设计约束（目标值）的需求值、分配值、验证值、评估值，建立指标表。

⑥ 在模型浏览器中选择"model"，在"model"下创建指标表，并将其命名为"指标汇总"。

⑦ 在绘图窗口单击鼠标右键，打开快捷菜单，选择"范围"，在"搜索元素范围"界面中选择"model"，选择添加范围后，单击"确定"按钮，如图 4.178 所示。

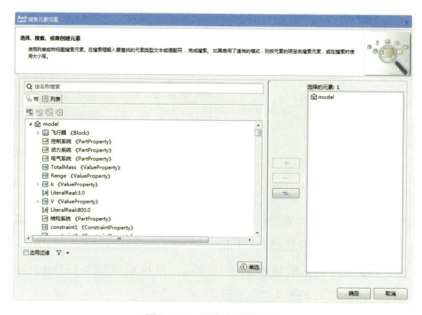

图4.178　添加指标范围

⑧ 打开指标表，已设置的元素需求值与评估值会显示在指标表中，可手动将计算得到的"TotalMass"和"Range"的分配值、验证值与其他值添加在指标表中。指标表如图 4.179 所示。

图4.179　指标表

第 5 章

系统运行可视化仿真工具 SysDesim.Rvz

5.1 系统界面

基于模型的武器装备系统需求论证与运行可视化仿真软件的首页如图5.1所示，软件首页主要包含开始菜单栏、想定编辑菜单栏、作战规划菜单栏、推演控制菜单栏、兵力操控菜单栏、目标标识菜单栏、显示设置菜单栏、统计查看菜单栏、辅助工具菜单栏、作战标图菜单栏、视图菜单栏、仿真集成服务菜单栏、VR集成服务菜单栏和帮助菜单栏。

图5.1 基于模型的武器装备系统需求论证与运行可视化仿真软件的首页

单击"开始"→"新建"，创建新的工程文件，可自定义项目名称并设置工程文件路径，如图5.2所示。

图5.2 新建工程文件

第 5 章 系统运行可视化仿真工具 SysDesim.Rvz

单击"开始"→"加载",打开本地目录下已创建的工程文件,如图 5.3 所示。

图5.3 打开已创建的工程文件

5.2 想定编辑

5.2.1 想定周期和想定描述

单击"想定编辑"→"想定周期",可设置想定当前时间、想定开始时间及想定持续时间、想定发生地点,以及想定难度与想定复杂度;单击"想定编辑"→"想定描述",可自定义想定名称、添加想定描述,如图 5.4 所示。

图5.4 设置想定周期与想定描述

201

当前想定信息如图 5.5 所示，场景上方信息栏在设置想定编辑后会自动更新成当前想定信息。

图5.5　当前想定信息

5.2.2　编辑阵营和选择阵营

用户创建作战任务前，需创建阵营。单击"想定编辑"→"编辑阵营"，创建阵营。输入自定义阵营名称，单击"添加阵营"按钮，完成阵营的创建，如图 5.6 所示。

选择创建的阵营，单击鼠标右键可对该阵营进行编辑，包括对该阵营进行删除、重命名，以及编辑该阵营的简报、态势、交战条令、认知水平和训练水平，如图 5.7 所示。

编辑阵营的态势如图 5.8 所示，可选择除本阵营以外的其他阵营作为目标阵营，选择设置将其视为中立、敌对、友好、不友好这 4 类态势。

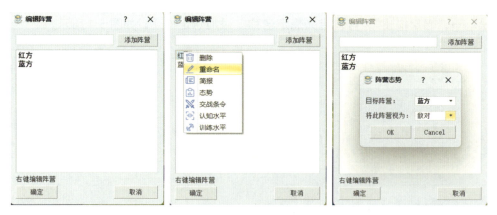

图5.6　创建阵营　　　图5.7　编辑阵营　　　图5.8　编辑阵营的态势

作战条令与交战规则如图 5.9 所示，可根据该阵营下不同的作战行动，设置不同的规则等。

第 5 章 系统运行可视化仿真工具 SysDesim.Rvz

图5.9 作战条令与交战规则

用户完成添加编辑阵营操作后,单击"想定编辑"→"选择阵营",选择一方阵营。选择阵营后,场景上方自动显示当前阵营。

5.2.3 单元操作

创建阵营后,用户可在该阵营下添加作战单元并进行编辑,单击"想定编辑"→"单元操作"。单元编辑菜单栏如图 5.10 所示。

图5.10 单元编辑菜单栏

添加单元至场景有两种方式,可通过单击"单元操作"→"添加单元",先在打开的界面输入指定的经纬度信息,再进行添加单元操作;也可以通过"＜Ctrl＞＋

203

单击鼠标右键"在场景中打开快捷菜单,选择"添加单元,"在当前鼠标指针位置处进行添加单元操作。

添加单元界面如图 5.11 所示,可选择需添加的单元类型,包括飞机、舰船、潜艇、设施/设备及卫星等,选择类型后,下方数据表相应切换到该单元类型数据,用户可通过搜索关键字,或根据已知的国家等信息定位到需要添加的单元名称。同样,用户可自定义设置单元名称。值得注意的是,添加单元时需明确选择该单元所在的阵营。可使用鼠标双击某单元名称查看该单元的详细信息。

若类型选择为飞机,则还可以添加相应的挂载,用于后续的作战任务。

若类型选择为"设施/设备",则可以添加机场等设施,并设置所在的阵营,在设施/设备数据表下选择机场相关的名称,如 Runway(900m)。

添加机场后,单击"Runway(900m)",可在单元信息窗口查看该机场的信息。在单元信息窗口中单击"载机"按钮,显示该机场中包含的飞机单元,默认为空。单击"Runway(900m)",打开快捷菜单,选择"编辑飞机",对该机场添加飞机并设置相应的挂载。

设置完成后,单击单元信息窗口中"载机"按钮,即可查看到已添加的飞机信息,如图 5.12 所示。

图5.11　添加单元

图5.12　"Runway(900m)"的载机编辑栏

第 5 章 系统运行可视化仿真工具 SysDesim.Rvz

飞机状态默认为"停靠",选择其中一架飞机,单击"出动准备"按钮,可为该飞机添加武器等挂载。添加挂载如图 5.13 所示。

除对单元进行添加操作外,软件还可对单元进行复制、删除、位置调整、名称调整等操作,这些操作均需在场景中先选择要编辑的单元。

移动单元操作如图 5.14 所示,通过单击鼠标或使用"< Ctrl > + 鼠标拖曳",选择场景中的飞机单元(选择后,飞机单元将显示为红色),弹出其当前的位置信息,用户可在此基础上修改参数,从而将其调整到其他位置。

图5.13　添加挂载　　　　　图5.14　移动单元操作

"编辑单元模型"界面如图 5.15 所示,用户可从模型库中选择其他模型来替换当前单元的模型,并对该模型进行缩放和旋转。

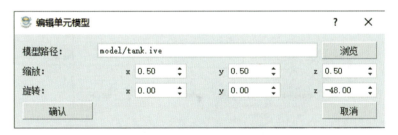

图5.15　"编辑单元模型"界面

5.2.4　事件编辑

单击"想定编辑"→"事件编辑",在"事件"界面中单击"创建新的事件"按钮,打开"编辑事件"界面,编辑事件的触发、条件和活动等。"事件"界面如图 5.16 所示,"编辑事件"界面如图 5.17 所示。

图5.16　"事件"界面　　　　　　图5.17　"编辑事件"界面

单击"编辑事件"界面中的"添加触发"按钮,打开"事件触发"界面,单击"创建新的触发"按钮,选择触发类型,如图5.18所示。

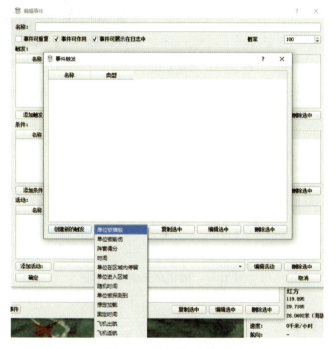

图5.18　选择触发类型

选择触发类型后,在"编辑事件触发"界面对该触发进行编辑,如图5.19所示。

图5.19 "编辑事件触发"界面

单击"编辑事件"界面中的"添加活动"按钮,打开"事件活动"界面,选择活动类型,如图 5.20 所示。

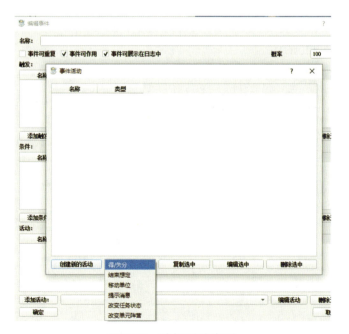

图5.20 选择活动类型

选择活动类型后,在"编辑事件活动"界面对该活动进行编辑,如图 5.21

所示。设置"提示消息"活动类型,可编辑活动名称,选择阵营并设置提示消息内容。

图5.21 "编辑事件活动"界面

添加事件触发和活动后,可在"编辑事件"界面观察到已创建的事件名称与类型,如图5.22所示。

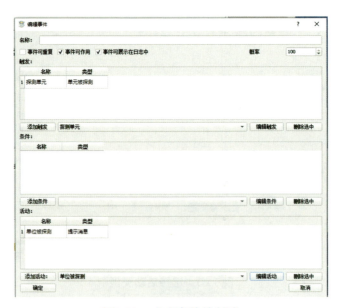

图5.22 完成事件的创建

5.3 作战规划

5.3.1 参考点编辑

参考点编辑菜单栏如图 5.23 所示。用户可对场景中的参考点进行增加、删除和调整等操作,还可实现场景中参考点的锁定与解锁功能。

图5.23　参考点编辑菜单栏

场景中参考点的添加方式有两种:一是单击"作战规划"→"增加参考点",通过鼠标指针来设置;二是通过"< Ctrl > +单击鼠标右键",从快捷菜单中选择"添加参考点",再通过鼠标指针来设置。

添加参考点操作如图 5.24 所示,添加的参考点默认为未选择状态(灰色),用户可通过再次单击该参考点对其进行选择(黄色)。

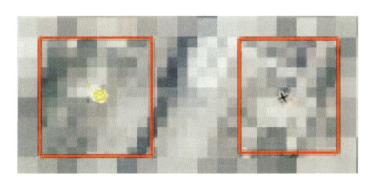

图5.24　添加参考点操作

单击"作战规划"→"删除参考点",选择场景中要删除的参考点,根据提示进行删除。同时删除 RP_1 和 RP_2 如图 5.25 所示。

图5.25　同时删除RP_1和RP_2

单击"作战规划"→"调整参考点",通过选择场景中要调整的参考点,在"调整参考点"界面对参考点位置进行修改,如图5.26所示。

图5.26　参考点调整界面

选择场景中的参考点,单击"作战规划"→"锁定选中"/"解锁选中",实现对参考点的锁定/解锁。

5.3.2　任务编辑与仿真运行

单击"作战规划"→"创建任务",打开"新建任务"界面,如图5.27所示。用户可自定义任务的名称和开始、失效时间等,任务类型有打击、巡逻、支援、转场、布雷、扫雷、投送和卫星探测。

对于创建巡逻任务,用户需要先选择分配任务的作战单元,并在场景中添加参考点,以便规划巡逻任务中的单元巡逻移动路径。

图5.27　"新建任务"界面

第 5 章 系统运行可视化仿真工具 SysDesim.Rvz

巡逻任务的编辑操作如图 5.28 所示,"未分配任务的作战单元"列表中显示了当前场景中添加的所有作战单元,用户在选择其中的作战单元(见标识①)后,单击标识②所示按钮,即可将该作战单元分配给该任务。

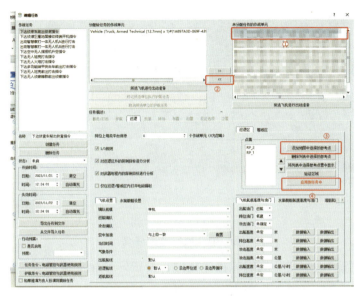

图5.28 巡逻任务的编辑操作

设置当前任务中作战单元的巡逻路径时,需先添加参考点,当选好参考点(巡逻点)后,单击"添加地图中选择的参考点"按钮(见标识③),软件将自动识别并把设定的参考点添加到"点集"列表,此时用户再通过单击"应用到任务中"按钮(见标识④),即可完成巡逻路径的设置。注意,对于巡逻任务,用户应至少选取两个参考点。

巡逻任务编辑完成后,将"状态"选择为"开启",单击"推演控制"→"开始",对作战任务进行仿真运行,用户可自定义仿真运行速度,如图 5.29 所示。

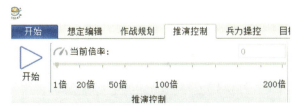

图5.29 启动仿真并控制速度

执行巡逻任务如图 5.30 所示。仿真运行开始后，作战单元开启雷达探测，并从当前位置以当前速率移动到参考点位置，从而完成本次巡逻任务。

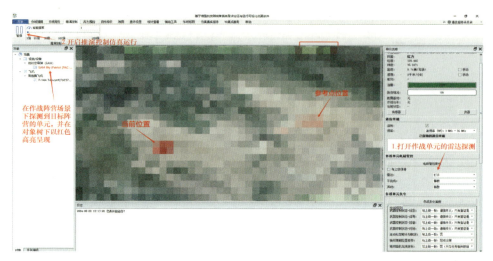

图5.30　执行巡逻任务

支援任务和巡逻任务的编辑操作相似，设置好分配支援任务的作战单元后，用户应设定需提供支援的参考点（支援点），并将其应用到任务中，任务编辑完成后，单击"推演控制"→"开始"即可开启该作战单元的支援任务仿真。

用户可通过单击场景中的机场，在其载机编辑栏中观察到当前执行支援任务的飞机状态从"停靠"变为"出航"，如图 5.31 所示。

图5.31　飞机的状态

第 5 章　系统运行可视化仿真工具 SysDesim.Rvz

对于创建打击任务，用户需要先选择分配任务的作战单元。与巡逻任务不同的是，打击任务除了选择分配任务的作战单元，还需要选择作战单元的打击目标，确保分配打击任务的作战单元包含武器挂载。打击任务的编辑操作如图 5.32 所示。

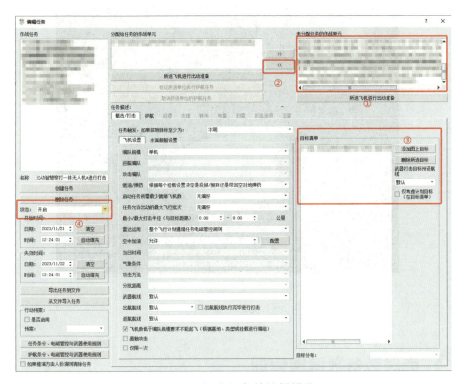

图5.32　打击任务的编辑操作

对于打击目标的选择，用户可在地图上选中单元（场景中的单元呈红色高亮），单击标识③"添加图上目标"，即可将该单元设为打击目标，并在"目标清单"列表中显示。从而完成作战单元对目标单元打击任务的创建，同样确保标识④处的任务状态为开启状态。值得注意的是，当添加目标单元时应确保该单元不是友军阵营，否则无法作为打击目标。

给机场中的载机分配打击任务时，在执行任务前将该作战单元状态切换至准备出动状态，待准备时间结束后，作战单元就执行打击任务。当作战单元雷达探测到打击目标时，投出导弹攻击目标单元。完成打击任务后，作战单元原路返回。当作战单元回到机场时，状态切换到停靠状态。

创建卫星探测任务的操作比较简单，只需将卫星探测的状态从"未启"切换到"开启"即可启动仿真，如图 5.33 所示。

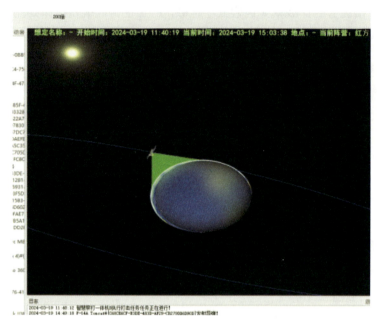

图5.33　开启卫星探测任务

5.4 武器装备数据库管理

在主界面"视图"菜单栏下的"数据管理"工具栏，可查询、展示及修改装备模型参数，如图 5.34 所示。

图5.34　数据管理工具栏

上侧为菜单工具栏，左侧为树状列表，右侧为数据信息，可以对武器装备模型参数进行增、删、改、查等操作。武器装备模型包括飞机、舰船、潜艇、设施/设备、卫星、武器/兵器 6 种，如图 5.35 所示。

第 5 章 系统运行可视化仿真工具 SysDesim.Rvz

图5.35　6种选择类别

用户可通过类别、国家信息、设定场景，或直接通过关键字搜索来查找武器装备。单击右侧列表中的武器装备名称信息，即可在下方查阅该武器装备的详细信息。

5.5　视图管理

在"作战标图"下的地图标注菜单栏，单击其中某一种标注样式（点、线、矩形、圆、多边形、管理）按钮，如图 5.36 所示。通过鼠标指针在场景中单击或拖曳可实现地图的标注。

图5.36　地图标注菜单栏

215

单击"作战标图"→"管理",可对已添加至场景的标注进行修改或删除等操作,如图 5.37 所示。

图5.37　地图标注管理界面

在"作战标图"下的辅助测量菜单栏,选择其中某一测量工具(距离、角度、矩形、圆形),如图 5.38 所示。在场景中进行单击或拖曳操作,实现对该区域的测量。

在"视图"下的场景跳转菜单栏中,输入需要定位的场景位置信息,单击"跳转"按钮,可快速定位到用户定义的场景,如图 5.39 所示。

图5.38　辅助测量菜单栏　　　　图5.39　场景跳转菜单栏

5.6　联合仿真数据接口

SysDesim.RV2 可与 SysDesim.Arch 通过仿真数据界面进行联调,如图 5.40 所示。

图5.40　仿真集成服务

第6章

典型系统级模型建模与仿真工程应用

6.1 任务场景简介

本章将展示一个典型的系统建模与逻辑仿真过程。在实际的业务中，用户可以根据具体的业务要求，在符合 SysML 语义的前提下，选择合适的方法开展建模工作；也可以根据自身的业务特点，总结提炼本业务领域的典型建模步骤，形成具有领域特色的建模方法。本章的案例覆盖了 MBSE 流程的多个阶段，包括需求分析、结构分析和功能设计等。

巡航导弹是一种借助火箭助推器升空后依靠弹翼产生的气动升力在大气层内进行巡航的高速飞行器。可以将气动式有翼巡航导弹的飞行轨迹分为 3 个阶段，即助推起飞、巡航飞行、打击目标，如图 6.1 所示。

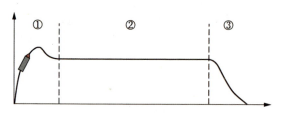

图6.1　气动式有翼巡航导弹的飞行轨迹

本章以通用参考架构为基础，根据孪生体构建的概念及孪生体等级分类，总结出应从 4 个层次、一项规则构建导弹的数字孪生体，详见式（1）。

$$M\_DT=(PE, VE, IE, SE, G_{4^3}) \quad (1)$$

其中，M_DT 代表导弹的数字孪生体（Missile Digital Twin）；PE 表示导弹实例，即物理实体（Physical Entity）；VE 代表将要构建的数字样机，即虚拟实体（Virtual Entity）；IE 表示孪生体中存在的信息空间，即信息实体（Information Entity）；SE 表示针对数字孪生体性能可视化与预测的相关应用，即服务实体（Service Entity）；G_{4^3} 规定该模型在 4 层等级分类中为第 3 级数字孪生体（3rd of 4th Grade）。

在搭建完系统的整个环境后，本章选择通过研究在实际飞行中大气条件相对导弹产生的阻力对各方面性能造成的影响来验证框架的可行性与准确性。

6.2 系统需求分析

导弹数字孪生体的需求可以由三级层级图表示，整体分为两类，一类是信息层面的交互需求，另一类是样机模型层面的设计需求。数字孪生体中的信息交互以数据驱动的形式存在，可以分为物理数据、虚拟数据和融合数据。在具体应用中，数据的作用方式也不尽相同，因此对信息层面来说，数据的分类、表现形式、处理等方面都存在不同的需求；由于孪生体始终基于数据，与实体保持同步，因此对于样机模型层面，需求主要来自样机构建规范、模型几何规则和集成方式等方面。

对于下一层级的需求，可以根据模块具体设计方案进行细分。本节根据上述内容初步罗列了构建导弹数字孪生体在设计初期的相关需求，如图6.2所示。

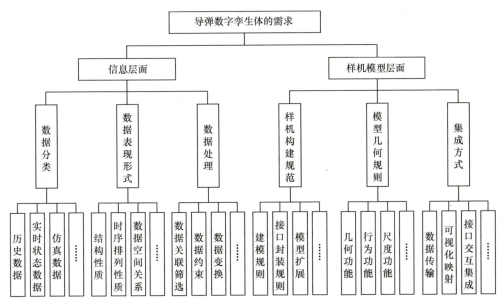

图6.2 构建导弹数字孪生体在设计初期的相关需求

根据导弹数字孪生体的应用分析，可以在设计阶段构建"需求—功能—性能"模型，对具体功能进行设计。功能的设计主要根据试验目的而定，单一仿真、整体仿真、联合仿真等不同方式均对系统功能有着不同的要求，并且需要根据仿真数据的完备程度来决定功能开发的完整性。功能设计并不局限于最初的需求分析阶段，在搭建框架的过程中，设计者也可以通过添加或删去某项功能使系统开发更加完善。

以构建样机模型为例。构建样机模型的需求主要源自虚拟体与实体之间的一致性，导弹实体的弹体结构由弹头、弹体、尾翼、助推器等部分组成，所以针对不同导弹在物理特性上存在的差异性，导弹样机的构建需求也不完全相同，应考虑导弹重量、气动外形、惯性力等因素。

根据图 6.2 所示的相关需求层级，可以从两个方面设计具体功能，一方面是有关数字孪生体的数据功能设计，另一方面是有关前端应用服务的可视化功能设计。针对以上两个功能，又可以根据具体需求完成功能的细化，大致分为数据映射功能、孪生导弹样机系统功能、遥测数据处理功能、SysML驱动仿真功能和实时性能预测功能 5 个部分。根据具体需求扩展设计的"需求—功能—性能"模型如图 6.3 所示。从图中可知，一项功能是由不同需求构成的，一组需求也可以用于不同功能的设计与开发，不同功能间具有耦合性，本章采用多对多的关系准则构建该模型，在提升了集成度的同时也降低了冗余度。

6.3 系统结构分析

根据图 6.3 所示的结构，使用内部模块图定义任务场景，如图 6.4 所示。内部模块定义图主要包含控制中心、导弹实体及系统中 5 个待开发的功能模块，交代了系统中的交互关系并明确了层次逻辑，模块间通过各自的信号端口进行连接，使用信息流控制整套系统的运行。

第 6 章 典型系统级模型建模与仿真工程应用

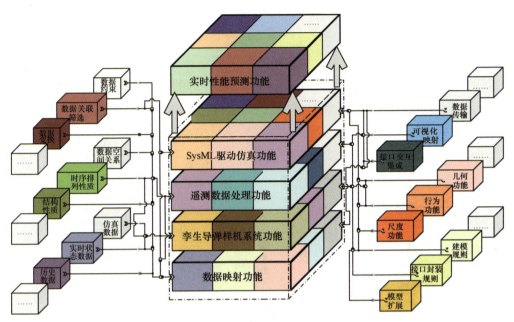

图6.3 "需求—功能—性能"模型

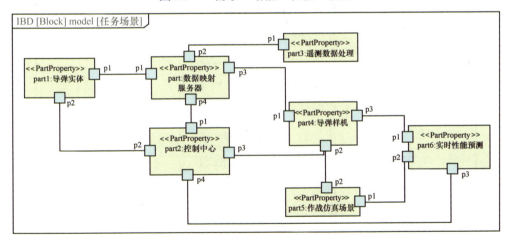

图6.4 "任务场景"内部模块图

6.4 系统功能设计

在定义任务场景的结构后,再构建模块中的详细流程,这些流程可以视为一种端口活动的交互,由单向或双向的数据流操控,规定了模块在系统进行到特定步骤时执行的具体操作,如图 6.5 所示。以控制中心(以下简称控制)与数据映射服务器(以下简称映射)二者为例,映射端口 p1 在收到控制 p1 发出的"系统同步"指令后,触发活动为"true",并执行下一步操作,通过端口 p1 回馈"系统同步"指令,此时控制模块会与另一个模块进行通信,映射模块进入等候区域;在接收到下一个具体指令"数据交互"之前,映射模块保持等候,直至该指令将 p2 与 p3 端口激活,执行数据处理操作;同理,当映射收到"数据注入"指令时,就会执行新一轮的操作,其余时间均处于非活动区域。

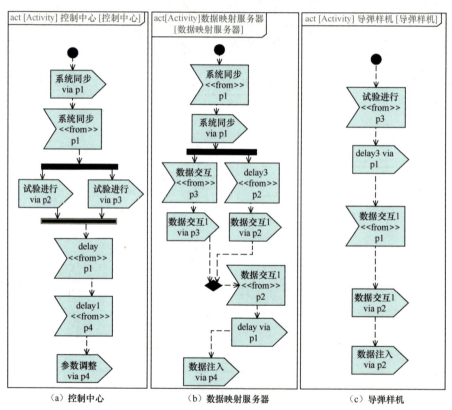

(a) 控制中心　　　　(b) 数据映射服务器　　　　(c) 导弹样机

图6.5　"控制中心"活动图、"数据映射服务器"活动图和"导弹样机"活动图

在整体定义任务场景后,根据数字孪生协同仿真特性,针对虚拟空间中的导弹样机采用状态图进行简要的运行流程规划,如图 6.6 所示。这些流程可以视为导弹在运行过程中状态的转化,具体可以分为信息确认(初始化、上电)、

点火起飞、初制导、中制导及末制导，由指定操作决定导弹是否进入这种状态，这些操作命令可以是人为决定的，也可以由实体数据同步得到。

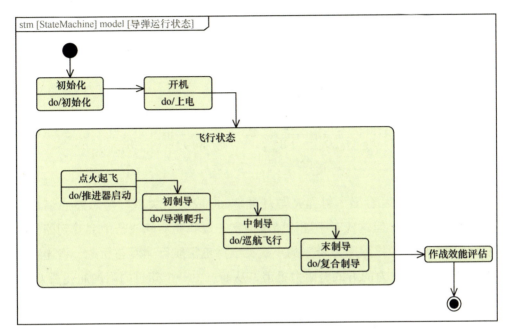

图6.6 "导弹运行状态"状态图

本章考虑导弹巡航过程中空气阻力的影响，对预测模块进行开发，主要针对飞行试验中某一时刻参数改变造成的导弹性能变化，如实际射程、喷气燃料余量等。

导弹理论射程的计算公式可以参考布列盖航程公式，详见式（2）。

$$R = VI_{sp}\frac{L}{D}\ln\frac{W_{start}}{W_{end}} \tag{2}$$

式中，R 表示导弹飞行的理论距离，即射程；V 表示导弹速度；I_{sp} 表示比冲量，即单位燃料产生的推力，由发动机推力 F、标准重力加速度 g_0 与单位时间内消耗的燃料质量 $\widehat{m_F}$ 推导而得；L 表示导弹升力；D 表示导弹所受的阻力；W_{start} 与 W_{end} 分别表示导弹起飞和摧毁时的整体质量，在此引入燃油总消耗量 W_{fuel} 与耗油率 sfc，可以得到

$$I_{sp} = \frac{F}{g_0 \widehat{m_F}} \tag{3}$$

$$\text{sfc} = \frac{\widehat{m_F}}{F} \tag{4}$$

$$I_{sp} = \frac{1}{g_0 \text{sfc}} \tag{5}$$

$$R = V\frac{1}{g_0 \text{sfc}}\frac{L}{D}\ln\frac{W_{end}+W_{fuel}}{W_{end}} = \frac{V}{g_0}\frac{1}{\text{sfc}}\frac{L}{D}\ln\left(1+\frac{W_{fuel}}{W_{end}}\right) \tag{6}$$

由式（6）可以看出，射程 R 与耗油率 sfc 成反比关系，与总燃油消耗量 W_{fuel} 成对数关系。但这仅对于理论情况而言，导弹在实际飞行中会受到随机阻尼力矩的影响，为排除阻力带来的干扰，维持正常航行速度与轨迹，将通过增加油耗产生附加推力的方式将阻力抵消，从而产生一个随机的附加油耗量 f_{attach}，此时 W_{fuel} 与 sfc 可以表示为

$$\begin{cases} W_{fuel} = \int \widehat{m_F} \mathrm{d}t + f_{attach} \\ \text{sfc} = \frac{\widehat{m_F}}{F} + \frac{\mathrm{d}f_{attach}}{\mathrm{d}t} \\ f_{attach} = (X, \text{sfc}) \end{cases} \tag{7}$$

同时，也可以得到实际射程 R_{real}

$$R_{real} = \frac{V}{g_0}\frac{1}{\frac{\widehat{m_F}}{F}+\frac{\mathrm{d}f_{attach}}{\mathrm{d}t}}\frac{L}{D}\ln\left(1+\frac{\int\widehat{m_F}\mathrm{d}t+f_{attach}}{W_{end}}\right) \tag{8}$$

f_{attach} 表示为 X 与 sfc 的约束关系，可以理解为 $\alpha X + \beta \text{sfc}$（$\alpha$ 与 β 均为不定量系数），描述为由阻力系数带来的附加油耗，其值由导弹速度、角速度、气动布局、大气密度等变量共同构成，这些变量可以作为模块中的输入参数，由

MagicDraw 调用 Matlab 根据相应的约束条件来预测结果。

由于 X 与 sfc 为时刻变化的随机值，因此，喷气燃料的余量无法单纯从理论上进行计算，需要结合实际情况，即在燃料余量的判断中也考虑 f_{attach} 的影响。假设在中制导阶段，导弹开始消耗喷气燃料并进入巡航状态，假设舱内燃料在无干扰的情况下，支持理论射程 R 的同时仍有 10% 的富余，此时燃料余量 $\text{Fuel}_{\text{remain}}$ 可以近似为一个与飞行时间 t 相关且斜率固定的归一化直线，即

$$\text{Fuel}_{\text{remain}} = 1 - 0.9 \frac{\widehat{m_F}}{W_{\text{fuel}}} t \tag{9}$$

考虑飞行中的干扰因素，可以得到

$$\text{Fuel}_{\text{remain}} = 1 - 0.9 \left(\frac{\widehat{m_F}}{\int \widehat{m_F} \mathrm{d}t + f_{\text{attach}}} + \frac{\mathrm{d}f_{\text{attach}}}{\mathrm{d}t} \right) t \tag{10}$$

式（7）～式（10）是考虑导弹在飞行过程中存在的多种不确定性因素对油耗及射程产生的影响，从而初步推导得到的，对上述内容进行建模，并设置 MagicDraw 中的参数化约束模型，如图 6.7 所示。为得到外部环境变化对导弹带来的影响，本章忽略导弹外形变化，以油量控制系统为研究对象，选择阻力变化、附加瞬时油耗、压力改变等条件作为输入项，并通过黑盒中的不透明表达式得到单位时间燃料消耗量与燃料剩余百分比两个结果作为输出项。性能预测模块中的参数详见表 6.1。

表6.1 性能预测模块中的参数

值操作	参数名	值类型	描述
输入	t	real	导弹飞行时间
	W_f	real	理论总耗油量
	m_f	real	理论单位时间耗油量
	F	real	发动机推力

续表

值操作	参数名	值类型	描述
输入	C_x0	real	零升阻力系数
	C_xi	real	诱导阻力系数
	S_m	real	气动参考面积
	q	real	动压头
	a	real	不定量系数
	b	real	不定量系数
输出	sfc	real	单位时间燃料消耗量
	Fuel_remain	real	燃料剩余百分比

6.5 可视化仿真联调

6.5.1 UE4 模型构建

导弹功能的开发流程分为 4 步，前 3 个步骤是对导弹在 UE4 中相应的样机功能进行设置，最后一个步骤是将实时数据接入虚拟空间，驱动导弹样机进行协同试验。

第 1 步：根据导弹样机的设计规范与导弹样机功能的开发流程，先在 3D Studio Max 中等比例构建模型，再将模型导入 UE4 中与预留的接口对接。导弹系统可以视为典型的飞行器结构，弹体内部由各类系统与元器件串联而成，为了减少模型的复杂程度、轻量化样机以减轻系统运转时的负荷，可仅构建外壳、弹翼、推进系统与制导系统 4 个部分。

第 2 步：设置能源值、油量值、高度俯仰数等导弹变量，以及导弹尾焰、弹体周边激波等导弹组件。

设定好材质、相关贴图与碰撞体积后，选择合适位置的摄像机与模型进行绑定，使导弹样机完全呈现在摄像机中。

第 3 步：开发导弹飞行过程中巡航速度、后舵角度、壳体温度等事件状态的可视化显示功能。

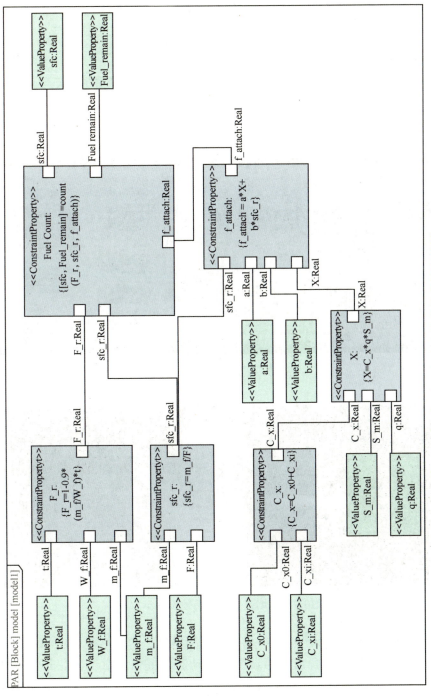

图6.7 SysDesim.Arch中的参数化约束模型

对于巡航速度的设置，由于摄像机与导弹保持近乎相对静止的状态，且导弹大多时间处于超高速行进的状态，因此选择控制导弹尾焰长度与导弹周边激波大小的方式间接呈现。通过设置相对范围 3D 来获取一个长度归一化的导弹尾焰对象，并实例化一个以 ZKa08_Ma（名义马赫数）为自变量的动态尾焰值，以参数化的方式改变尾焰长度与激波大小。导弹样机功能设置中的尾焰蓝图编写示意和尾焰变化粒子特效设置示意如图 6.8 和图 6.9 所示。

图6.8　尾焰蓝图编写示意

图6.9　尾焰变化粒子特效设置示意

以场景中的模型为目标，通过设置相对旋转来获取后舵对象，实例化一个以 ZKb17_det21（舵反馈角度）为自变量的动态后舵值，赋予后舵一个转动量（RotationZ），控制舵角在相对自身的 Z 轴上旋转。由于模型采用的是四舵形式的导弹，因此设定了两个舵转角度的接收参数，分别用于控制相对的两组尾舵进行转动，如图6.10所示。

图6.10 尾舵旋转设置示意

弹体颜色的变化象征壳体温度的改变。实例化一个Keti网格体组件，创建名为"Param"的向量材质，通过调整R、G、B、A参数来改变颜色，设定温度初始值（一般为27℃），将其与传入的壳体温度作差，通过在材质上设置向量参数，将差值赋给"Param"以改变材质的基础颜色。表面温度变化设置示意如图6.11所示。

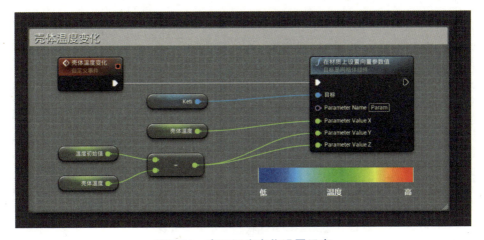

图6.11 表面温度变化设置示意

对于巡航状态中的雷达状态，设定两个雷达材质 leida_1 和 leida_2，分别附加至以导弹本身为基元组件的设置材质方法上，其中 leida_1 表示雷达处于开启状态，leida_2 表示雷达处于关闭状态。leida_1 以一个 3×3 的材质对象组为具体输出，形成一组材质动画，如图 6.12 所示。在试验过程中，以导弹是否处于制导状态为判定依据，通过切换可视性方法中的"Propagate to Children"来修改 leida_1 和 leida_2 的可视化程度，变更材质动画，切换雷达的开启和关闭状态，如图 6.13 所示。

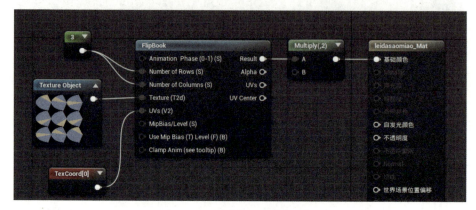

图6.12：雷达材质设置示意

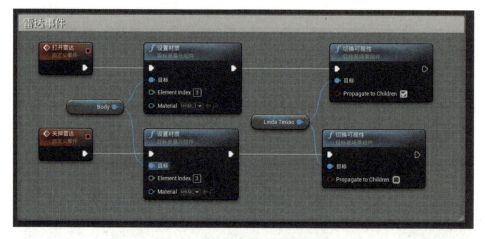

图6.13 雷达状态变化设置示意

模型中其他部分如喷射器角度、温控油电状态、助推器变更等事件的可视化设置方法均可以参考以上步骤完成，如图 6.14 所示。

图6.14 喷射器角度、温控油电状态、助推器变更设置示意

第 4 步：将实时数据接入 UE4。调用 TCP 通信中的 DataReceive 事件，根据数据注入模块中的接口规则，将文本数据转换为字符串形式并进行修剪拖尾操作，使用解析到数组方法中的 CullEmptyStrings 子选项去除多余空格，并以 ";" 为分隔符把字符串拆分为有效数据数组，执行遍历操作，最后根据关键字符 "#" 区分信息位和数据位，根据信息位将数据传入对应的可视化显示方法。UE4 中的 UDP 通信设置示意如图 6.15 所示。

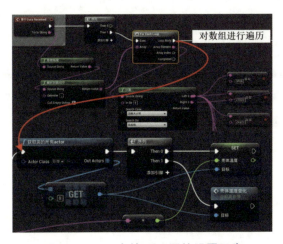

图6.15 UE4中的UDP通信设置示意

6.5.2 模型仿真演示

（1）数据开始注入

调用"通信确认"与"数据传输测试"指令、通过 Agent 服务器确认各模块在线后，使用面板发出"导弹发射指令"控制试验进行，此时遥测数据开始传入系统，使 UE4 中的导弹样机开始运作，数据图表同步开始绘制曲线。数据映射模块：数据开始由物理层传入虚拟层驱动系统运作如图 6.16 所示。

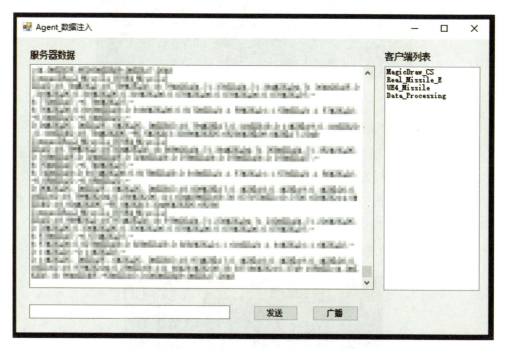

图6.16　数据映射模块：数据开始由物理层传入虚拟层驱动系统运作

在数据开始注入时，虚拟场景中的导弹样机会对数据进行同步处理，将处理好的命令传入相应的蓝图模块，驱动导弹样机中的弹翼、油箱、推进器等部件发生改变；真实世界场景中的导弹样机同步开始发射，飞往任务目标点，实现孪生场景可视化的功能。

（2）点火起飞与初制导

在本环节，真实世界场景中的导弹车会根据实时传入的遥测数据，通过火箭起竖架将导弹样机发射出去，此时摄像机呈现近乎垂直的爬升状态，遥测界面开始绘制图形。

（3）中制导

在本环节，导弹由爬升状态进入相对稳定的飞行状态，此时助推器已经完成脱离，导弹开始使用携带的喷气燃料巡航，导弹样机根据遥测数据实时调整。

（4）末制导

在本环节，导弹将结束巡航状态，攻击任务目标，此时导弹样机将根据实时数据改变飞行的姿态，在虚拟场景中执行攻击命令。

（5）样机细节

数字孪生场景中，在遥测数据传入的过程中，助推器分离、尾舵转动、油量变化等细节会通过导弹样机展示出来。

第 7 章

联合仿真案例一

7.1 案例场景简介

本章的案例场景为海陆协同攻击背景，在攻防模型中，蓝方采用侦察卫星、无人机、侦察机为空中单位，坦克、装甲突击车、侦察车为地面单位，驱逐舰、扫雷艇为水面单位。根据作战流程，突破红方的陆地与海上防线。

7.2 系统需求分析

根据基本的作战流程，梳理任务系统及其内部子系统的需求，建立需求表，如图7.1所示。在流程中，情报侦察系统作为指挥官的眼睛，其搜索范围、目标识别和跟踪能力极大地影响后续机载和陆地火力的部署，应提供目标的精确位置并传回清晰的战场图像供指挥中心进行后续的指令派发；指挥控制系统负责收集各方侦察设备传来的信息并进行融合，将目标精确位置和指令下达给各火力单元；最后火力打击系统再使用战术对目标实施有效火力打击。

#	Name	Text
1	2 情报侦察系统	综合运用各种侦察装备、器材、手段获取目标信息，必要时对目标进行攻击
2	2.1 无人机	可由单兵释放，执行侦察任务
3	2.3 侦察卫星地面接收终端	接收侦察卫星传递的情报信息
4	2.5 侦察车	包括有人、小型无人侦察车，可自主侦察、识别、定位、校射
5	3 指挥控制系统	可实时显示战场态势，进行联络、协同、指挥等
6	3.1 地面指挥车	包括侦控终端和指控终端，能够进行战役战术筹划及指挥控制
7	3.2 空中指挥机	在空中指挥本机战斗
8	4 火力打击系统	采用地面、空中立体打击方式，综合运用远近中程打击装备，对目标实施有效火力打击
9	4.1 装甲突击车	能够安装多种火力打击装备，适用于各种地形作战
10	4.2 无人机	主要执行火力打击任务，同时具有一定的侦察功能
11	4.3 火炮	驾驶、操控，接收射击指令，执行火力打击任务
12	4.4 坦克	驾驶、操控，接收射击指令，执行火力打击任务

图7.1 需求表示例

7.3 系统结构分析

根据任务场景及需求分析对系统结构进行建模，具体步骤如下。

① 在模型浏览器中选择包元素"任务场景"，创建模块定义图，将模块定义图名称修改为"战场环境"。

② 创建需要的模块元素，搭建起一个完整的战场环境。

③ 分析模块元素之间的关系，通过关联联想框在模块元素之间创建关联关系；也可通过在图元素工具栏选择相应的关联关系，并在两个模块之间连线，完成关系的创建。

④ 完善模块的具体属性，搭建起一个具体的任务场景模块。

7.4 系统功能设计

1. 系统信号交互

对系统的所有信号进行建模，清晰地描述系统内部和外部实体之间的信息传递方式。具体建模过程如下。

① 在模型浏览器中选择模块元素"交互信号"，单击鼠标右键，打开快捷菜单，选择"创建元素"→"模块"，创建相应的信号。

② 根据步骤①创建所需的各个模块元素，以及每个模块需要的信号，如图7.2所示。

2. 模块功能设计

模块功能设计规定了为了实现具体的功能需要执行哪些活动，模型的行为包含系统、系统元素、系统元素内和系统元素操作的所有行为。以坦克活动图为例，坦克承载着作战流程中的火力打击任务。仿真开始时，坦克节点进行待命操作，等待着指挥中心发出打击指令，坦克收到敌方坐标后整合信息，并装载敌方目标信息生成打击方案执行打击任务。坦克活动图如图7.3所示。

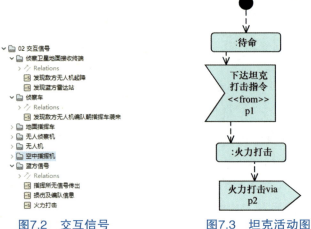

图7.2 交互信号　　　　图7.3 坦克活动图

7.5 系统仿真配置

结合系统交互信号，排布作战指挥信号，并将任务场景属性拖入指挥面板完成仿真配置。"指挥面板"界面如图 7.4 所示。

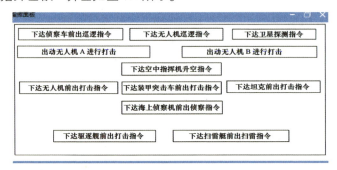

图7.4 "指挥面板"界面

7.6 场景驱动的系统运行可视化软件联调

1. 构建虚拟想定场景

构建虚拟想定场景的步骤如下。

（1）新建想定工程文件

单击"开始"→"新建"，创建想定工程文件，自定义项目名称（如命名为"案例")并设置工程文件路径后保存。

(2)想定编辑

单击"想定编辑"→"想定周期",设置想定开始及持续时间、想定发生地点等。

(3)创建阵营

单击"想定编辑"→"编辑阵营"。

(4)添加作战单元

本章双方阵营需要使用的作战单元包括预警机、无人机、战斗机、侦察车、指挥车、坦克、装甲突击车、驱逐舰和扫雷舰等。根据需求选择,以指定经纬度方式或在鼠标单击位置添加作战单元。在添加单元界面选择需添加的单元类型及其所在阵营,选择类型后,数据表相应切换到该单元类型的数据,用户可通过搜索关键字,或根据已知的国家等信息定位到需要添加的单元名称。

(5)任务编辑

本案例包含卫星探测任务、侦察车巡逻任务、无人机侦察任务、无人机打击任务、坦克打击任务、装甲突击车打击任务、驱逐舰打击任务和扫雷艇扫雷任务。具体步骤:单击"创建任务",在弹出的界面中选择任务类型,设置任务的名称与开始、失效时间等,单击"确定"按钮后,弹出该任务的编辑界面,后续在不同种类的任务界面进行编辑。

① 卫星探测任务。

卫星探测任务从未分配的作战单元中选择所需卫星分配给任务。在如图7.5所示的界面中,将选项设置为"开启"则默认打开卫星探测功能。

② 打击类任务。

打击类任务首先从未分配的作战单元中选择所需单元分配给任务,然后在场景中选择目标单元,即场景中的单元呈红色后,单击编辑任务界面中的"添加图上目标"按钮,即可将该单元设为打击目标,选择后目标名称将在"目标清单"列表中显示,如图7.6所示。

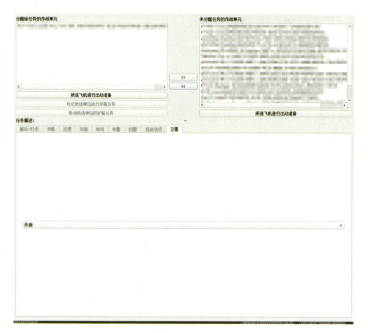

图7.5　卫星探测任务

图7.6　打击类任务

③ 巡逻/支援/扫雷任务

巡逻/支援/扫雷任务首先从未分配的作战单元中选择所需单元分配给任务，

需在场景中选择巡逻点（至少两个参考点），单击"添加地图中选择的参考点"按钮，将选中的参考点添加到"点集"列表中，单击"应用"按钮。巡逻任务、支援任务和扫雷任务分别如图 7.7、图 7.8 和图 7.9 所示。

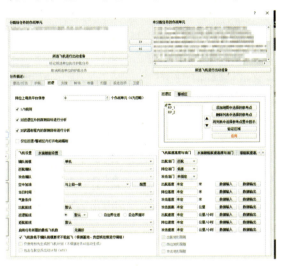

图7.7　巡逻任务

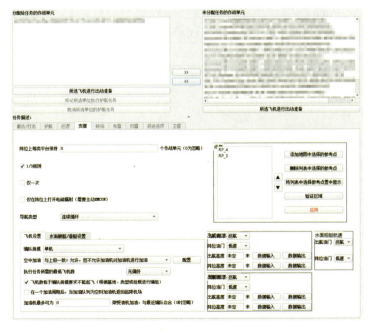

图7.8　支援任务

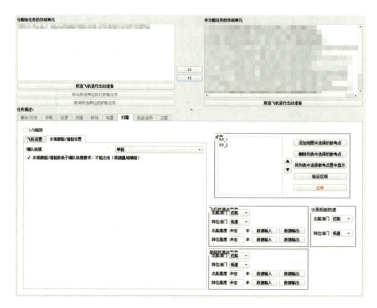

图7.9 扫雷任务

（6）仿真集成任务分配信号编辑

SysDeSim.Arch 将其订阅的信号按照指令内容分配给每个任务。SysDeSim.Arch 订阅的信号如图 7.10 所示，任务分配信号如图 7.11 所示。

图7.10 SysDeSim.Arch订阅的信号

图7.11　任务分配信号

2. 联合仿真

分别单击 SysDeSim.Arch 中仿真 UI 图的指令按钮，触发 SysDeSim.Rvz 中虚拟三维作战单元的行为，具体如下。

单击 SysDeSim.Arch 中仿真 UI 图中的"下达侦察车前出巡逻指令"按钮，SysDeSim.Rvz 中的侦察车模型从初始位置朝着任务预设参考点移动；单击"下达无人机巡逻指令"按钮，SysDeSim.Rvz 中的无人机模型从机场初始位置朝着任务预设参考点移动；单击"下达卫星探测指令"按钮，SysDeSim.Rvz 中的卫星模型从初始位置朝着任务预设参考点移动；单击"下达无人机前出打击指令"按钮，SysDeSim.Rvz 中的无人机模型从初始位置朝着打击目标移动；单击"下达空中指挥机升空指令"按钮，SysDeSim.Rvz 中的空中指挥机模型从初始位置朝着任务预设参考点移动；单击"下达坦克前出打击指令"按钮，SysDeSim.Rvz 中的坦克模型从初始位置朝着打击目标移动；单击"下达装甲突击车前出打击指令"按钮，SysDeSim.Rvz 中的装甲突击车模型从初始位置朝着打击目标移动，单击"下达海上侦察机前出侦察指令"按钮，SysDeSim.Rvz 中的海上侦察机模型从初始位置朝着预设任务参考点移动，单击"下达驱逐舰前出打击指令"，SysDeSim.Rvz 中的驱逐舰模型从初始位置朝着打击目标移动；单击"下达扫雷艇前出扫雷指令"按钮，SysDeSim.Rvz 中的扫雷艇模型从初始位置朝着布雷区域移动。

第 8 章

联合仿真案例二

8.1 案例场景简介

本章的案例场景为典型的海上攻防背景，攻防模型中蓝方采取侦察卫星、通信卫星、无人机、战斗机、轰炸机、导弹等空中单位，驱逐舰、护卫舰和航母等水面单位，指挥中心、岸上雷达和车载导弹发射阵地等地面单位，突破红方舰队防空系统，实现作战目标。根据以上想定作战场景，得到初步的战场态势。

本章将作战场景分为两种，一种是战斗总体流程任务场景，另一种是导弹突防仿真任务场景。在红蓝双方对抗的过程中，蓝方通过侦察卫星搜索并定位到红方航母舰队，将舰队构成、当前位置和航行方向通过通信卫星发送给指挥中心，指挥中心整合目标数据后发送给无人机，派出无人机对舰队进行持续跟踪并传回舰队的精确数据，指挥中心接收目标信息并进行融合分析，再根据作战需求，下发打击指令给车载导弹发射阵地，蓝方航母根据打击指令先后派出轰炸机和战斗机对红方舰队实施打击，火控装置再根据无人机传回的舰队精确数据对反舰导弹进行航迹规划并向红方舰队发射，发射完成后，无人机实时采集红方舰队毁伤信息并传回战场图像，指挥中心可根据目标的毁伤情况决定是否继续发动攻击。导弹突防仿真任务场景简化了"侦察—跟踪—打击"流程中的侦察和跟踪部分，只保留了战斗机向红方舰队发射反舰导弹，反舰导弹根据舰载雷达和火控系统对蓝方导弹进行拦截。

信息化时代，舰艇间单打独斗的机会变得越来越少，作战逐渐体系化。从攻击的角度来看，反舰导弹的发射平台、攻击方式及制导手段逐步多样化，同时，反舰导弹面临的拦截方式也越来越多。导弹的突防技术是指导弹为无损伤地通过反导防御系统的拦截区，在导弹的初制导、中制导和末制导阶段所采取的对付敌方反导防御系统所有探测、拦截手段的技术，是衡量导弹武器系统战术技术性能和武器研制水平的一种重要标志。近年来，导弹防御技术的快速发展使突防能力成为导弹武器系统最关键的指标。

对导弹进行优化设计是非常重要的，导弹从研制到投入使用，需要经过多次试验来验证其飞行性能、突防性能及杀伤性能，并且这种飞行试验的数据子样越多越好，但考虑到经济、精力等因素，全方位模拟针对反舰导弹在实战中的攻防演练，不仅要消耗大量的人力和物力，还对演练的组织协调提出了很高的要求，成本较高。

借助计算机平台建立整个导弹突防系统的模型，并为各个类型的反舰导弹、敌方舰艇等整个作战环境建立模型，使用合理的数学、逻辑模型替代真实的物理模型，对从卫星侦察到敌方舰艇，到蓝方指挥中心派出无人机进行侦察、指挥中心使用多种打击方式对敌方舰艇进行攻击、发射不同类型的导弹，再到敌方舰艇对导弹进行拦截，最终对检验导弹是否成功突防的整个导弹突防过程进行仿真，分析导弹突防的数据结果，已成为现代导弹研发及优化设计中一种非常有效可行的方法。此外，还可以通过替换条件模块完成不同战场条件下的攻防对抗演练，反复分析仿真数据，并反馈到导弹的设计上，最终达到节约大量经费、实现更佳设计效果的目的。

整个导弹突防系统颇为复杂，而 MBSE 方法可以通过对复杂系统进行剖析和需求分析，对各个独立分系统进行系统化的建模，将系统模型作为设计的核心，并通过对创建的各模型不断地进行功能验证、修改和模型迭代，从而实现复杂系统装备的系统设计。MBSE 方法具有对系统设计过程一体化、准确无误的知识表达和模型可重复使用性等优势，能够弥补传统基于文档的系统工程随着系统复杂度提高而在系统设计上可能产生的一系列问题。综合 MBSE 方法在复杂系统装备研发设计中的优势，使用 MBSE 方法设计武器装备系统必然成为未来的发展趋势。

本案例针对我国现有的武器复杂系统装备在设计环节上的不足，将 MBSE 方法、虚拟现实技术、虚拟样机、联合仿真技术等运用到武器复杂系统装备设计中，以虚实模型为基础，采用联合仿真技术实现虚实模型的交互映射，构建出具备虚实融合、智能优化、知识驱动特征的复杂系统设计环境，能够有效支撑武器复杂系统装备模型化、工程技术软件化、设计环境智能化、设计资源可视化的先进研发模式。

对于导弹系统的功能分解或者复杂小系统的分解，可以采用面向对象方法。面向对象方法可以理解为根据不同事务的特征将事务抽象为相互作用的对象，这些相互作用的对象可以看作构成系统的基本单位，这样整个系统的功能分解就可以利用对象来实现。例如，舰载机导弹发射系统可分为两大部分：舰载机系统及导弹系统。根据这两个用例独立开发出相应的 MBSE 模型，进一步开发出相应的模块定义图、参数图、活动图等，用来获取其内部相关的参数（或属性）和与实现功能相关的内部状态。任务场景使用活动图或序列图建模。活动图中的活动分区（泳道）或序列图中的生命线，表示系统、外部系统和用户。导弹系统模型的任务场景用活动图来表示。活动分区中为初步的逻辑分系统。

以导弹发射流程为例，导弹初始化后，对飞控系统及巡航系统进行初始化确认，使用 SysML 中的决策节点对初始化状态进行判断，在图中显示为菱形。程序运行时会出现两个选择按钮，用于模拟判断是否初始化成功。若系统未完成初始化，则返回该信息状态。当两个系统完成初始化后，将初始化完成的状态信息传递出去，进而使系统进行推进目标打击动作。

导弹突防概率计算。利用蒙特卡罗方法进行仿真实验，突防的弹头数量是最终的样本期望，样本则是一次突防实验的结果。样本值可被理解为一些随机变量函数，这些随机变量是定义在多个不同的事件空间上的实函数，具有某一概率密度。直接影响突防弹头数量的事件为弹头被拦截事件，被拦截事件与发现事件、跟踪事件、识别事件，以及与拦截方的拦截弹数量和拦截策略有关。

8.2 系统需求分析

根据基本作战流程对任务系统及其内部的子系统进行需求梳理并建立需求表，如图 8.1 所示。作为作战流程的第一环，侦察卫星的搜索范围、目标识别和跟踪能力极大地影响后续机载和陆地火力的部署；无人机则作为侦察卫星的延伸，需要提供目标的精确位置并传回清

#	Name	Text
1	1 舰载雷达探测范围和角度	探测范围：150～500km，角度：360°
2	2 反舰导弹射程	射程50～400km
3	3 反舰导弹巡航高度	巡航高度10～20000m
4	4 轰炸机航程	航程5000～15000km
5	5 轰炸机飞行高度	飞行高度10～20000m
6	6 拦截弹射程	射程50～200km
7	7 拦截弹巡航高度	巡航高度10～20000m
8	8 车载导弹上升高度	爬升高度0～30000m
9	9 车载导弹射程	射程50～350km
10	10 巡航导弹射程	射程50～400km
11	11 巡航导弹巡航高度	巡航高度10～2000m
12	12 战斗机航程	航程500～3500km
13	13 战斗机飞行高度	高度3000～8000m

图8.1 需求表示意

晰的战场图像供指挥中心进行后续的指令派发；指挥中心负责收集各方侦察设备传来的信息并进行融合，将目标精确位置和指令下达给各火力单元；战机收集到目标坐标及打击指令后，进行火控解算，完成导弹发射；反舰导弹采用末端机动突破敌方拦截完成打击。在导弹突防系统中，需要详细分析反舰导弹和拦截系统，包括导弹的最大飞行高度、航程、最大飞行速度、最高可用过载、滚转角和俯仰角范围、导航能力和敌方舰载雷达探测范围、目标识别能力，以及火控系统的解算规划能力等。

根据需求表建立系统任务场景用例图，如图 8.2 所示。需求和用例之间的关系十分密切，如果需求是抽象描述一个系统应该如何工作的，则用例是将需求从抽象的概念转换为可实现的步骤，使需求变得更加明确。用例图代表系统提供的服务，能够直观显示触发这些服务及参与执行的执行者。用例图的创建可以提高需求的可操作性，从而更好地实现需求。图 8.2 创建的用例模型根据需求分解出指挥人员、战机驾驶员两个表示人在回路的外部执行者及敌方舰艇目标，并列出了反舰导弹突防过程中目标侦察、作战决策、火力控制和打击目标 4 个用例，后续可以在这 4 个用例中用状态图和活动图编写功能。

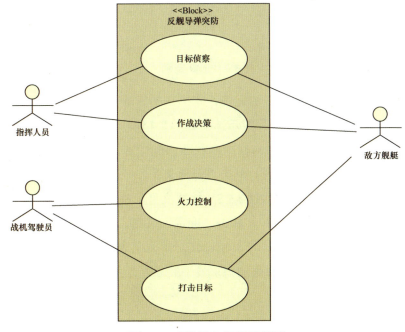

图8.2　系统任务场景用例图

在包"01 系统需求"中开展系统需求的建模及初步分析,具体步骤如下。

① 在模型浏览器中选择包元素"01 系统需求",单击鼠标右键,打开快捷菜单,选择"创建图"→"需求表",将需求表名称修改为"系统需求"。

② 在绘图窗口单击鼠标右键,打开快捷菜单,选择"范围",打开"搜索元素范围"界面,如图 8.3 所示,使用鼠标双击"01 系统需求",单击"确定"按钮。

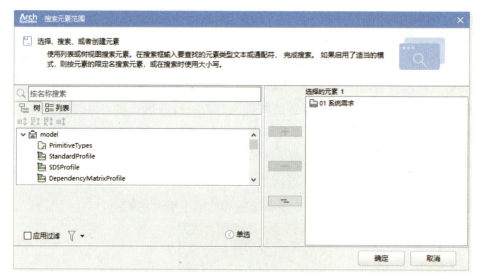

图8.3 选择范围

③ 可以在需求表中添加表的元素,本书在需求表中展示 name 和 text 属性,列标题的顺序可以随意拖动。列显示选项如图 8.4 所示。

④ 导入需求如图 8.5 所示,使用鼠标单击图工具栏" "中的下拉三角,选择格式为 .CSV 的待导入文件,单击"选择文件"→"导入文件",弹出"CSV 同步选项"对话框,选择要导入的 .CSV 格式文件,在"同步选项"中选择"从表中删除"或"从模型中删除",单击"确定"按钮,将用户在 Excel 或其他软件里创建的表格以 .CSV 的格式导入 SysML。导入需求结果如图 8.6 所示。

⑤ 也可以直接在需求表中添加需求或子需求,如加入战斗机飞行速度需求,如图 8.7 所示。

第 8 章 联合仿真案例二

图8.4 列显示选项

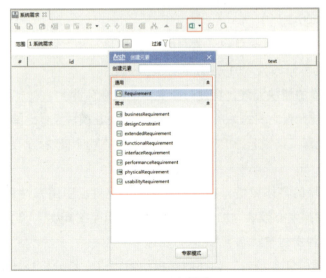

图8.5 导入需求

253

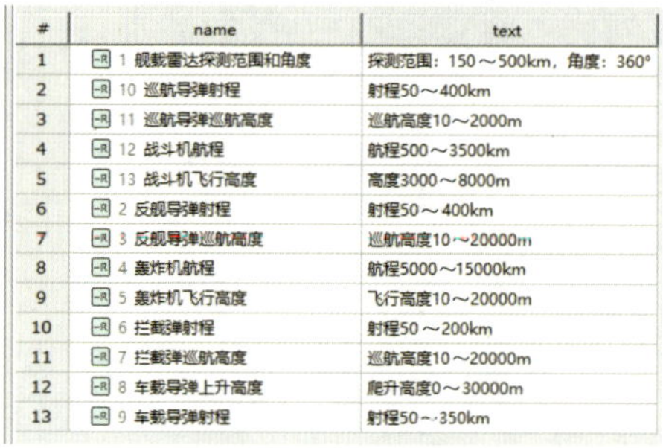

#	name	text
1	1 舰载雷达探测范围和角度	探测范围：150～500km，角度：360°
2	10 巡航导弹射程	射程50～400km
3	11 巡航导弹巡航高度	巡航高度10～2000m
4	12 战斗机航程	航程500～3500km
5	13 战斗机飞行高度	高度3000～8000m
6	2 反舰导弹射程	射程50～400km
7	3 反舰导弹巡航高度	巡航高度10～20000m
8	4 轰炸机航程	航程5000～15000km
9	5 轰炸机飞行高度	飞行高度10～20000m
10	6 拦截弹射程	射程50～200km
11	7 拦截弹巡航高度	巡航高度10～20000m
12	8 车载导弹上升高度	爬升高度0～30000m
13	9 车载导弹射程	射程50～350km

图8.6　导入需求结果

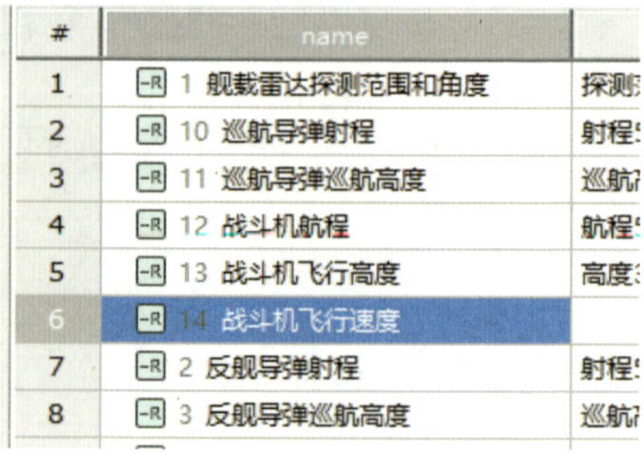

#	name	
1	1 舰载雷达探测范围和角度	探测
2	10 巡航导弹射程	射程
3	11 巡航导弹巡航高度	巡航
4	12 战斗机航程	航程
5	13 战斗机飞行高度	高度
6	14 战斗机飞行速度	
7	2 反舰导弹射程	射程
8	3 反舰导弹巡航高度	巡航

图8.7　添加需求

8.3 系统结构分析

本案例分析了战场环境及敌我单位的构成。对战场环境进行细致的分析可以为工程设计提供基础依据，主要包括分析地理地形、气候条件、自然资源分布等因素，这对工程结构、材料的选择、布局设计等方面有直接影响。例如，在山区地形中，可能需要采用特殊的支撑结构以适应地势，而在高温地区，应选择耐高温材料以保证工程的稳定性。

此外，应该明确演习任务的目标，以及我方单位的属性，最大程度地描述现实环境，具体步骤如下。

① 在模型浏览器中选择包元素“02 运行环境分析”，创建模块定义图，并将模块定义图名称修改为“01 战场环境”。

② 创建需要的模块元素，搭建一个完整的战场环境。

③ 分析模块元素之间的关系，通过关联联想框在模块元素之间创建关联关系，也可通过在图元素工具栏选择相应的关联关系，并在两个模块之间连线，完成关系的创建。

④ 完善模块的具体属性，在模块上添加值属性、引用属性等，如图 8.8 所示。例如，在指挥中心模块添加值属性“敌方目标存在参数”“轰炸机状态”“战斗机状态”“导弹发射车状态”“无人机状态”。

为模块元素“任务场景”创建内部模块图，进一步分析战场环境内各部分的组成关系，具体步骤如下。

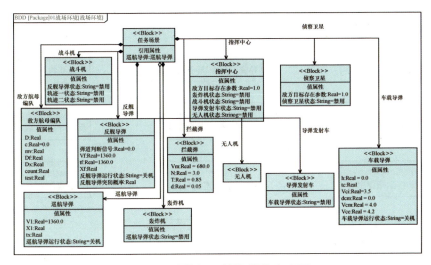

图8.8 "战场环境"模块定义图

① 在模型浏览器中选择模块元素"任务场景",单击鼠标右键,打开快捷菜单,选择"创建图"→"内部模块图";或在"战场环境"模块定义图中选择模块元素"任务场景",单击鼠标右键,打开快捷菜单,选择"创建图"→"内部模块图",在打开的"部件/端口 显示"界面(如图8.9所示)中,选择"任务场景"的所有组成部分,单击"确定"按钮,生成包含所有组成部分的内部模块图,如图8.10所示。

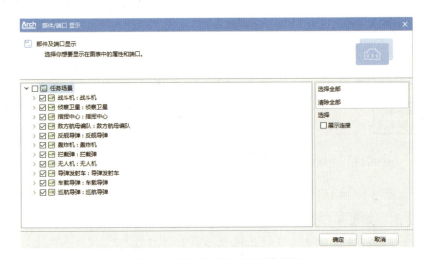

图8.9 "部件/端口 显示"界面

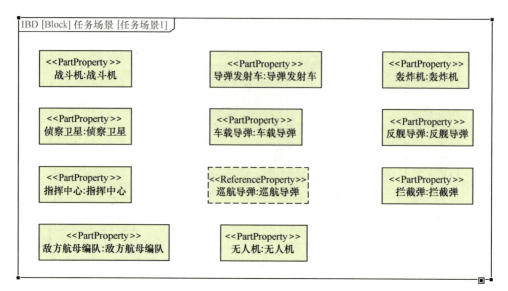

图8.10 "任务场景"内部模块图

② 分析各个组成部分元素，通过关联联想框为其创建代理端口，如图 8.11 所示。

③ 通过关联联想框或图元素工具栏，在不同组成部分的端口之间建立连接器，如图 8.12 所示。

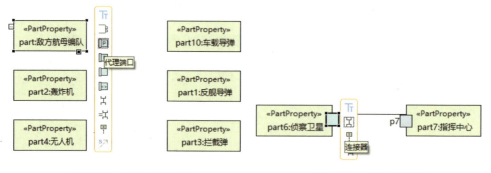

图8.11 创建代理端口　　　　图8.12 建立连接器

④ 完善每一个组成部分元素的端口跟连接器，建立一个完整的"任务场景"内部模块图，如图 8.13 所示。

⑤ 为了显示不同约束表达式中参数之间的绑定关系，将建立参数图，在模型浏览器中选择模块元素"任务场景"，单击鼠标右键，打开快捷菜单，选择"创

建图"→"参数图"。需要注意的是,目前暂不支持值类型 Real 与 Integer 混合计算。在打开的"部件/端口 显示"界面中,勾选组成部分属性和值属性,单击"确定"按钮,自动生成初始参数图,将参数图名为"任务场景"。拖曳"反舰导弹""拦截弹"等约束模块到参数图,生成相应的约束属性,如图 8.14 所示。

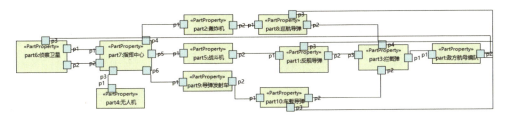

图8.13 完整的"任务场景"内部模块图

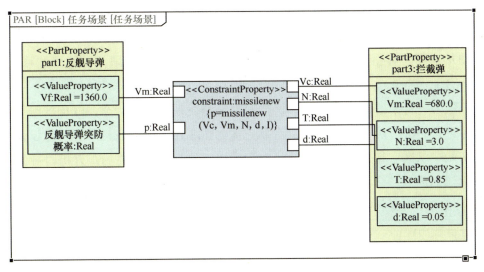

图8.14 "任务场景"参数图

8.4 系统功能设计

1. 系统信号交互

在本案例中,应先对系统的所有信号进行建模,清晰地描述系统内部和外部实体之间的信息传递方式。这有助于了解信号如何在系统中传递、处理和响应,避免在实现阶段因不清晰或误解信号交互而引起通信错误等问题。

具体建模过程如下。

① 在模型浏览器中选择模块元素"01 系统信号交互",单击鼠标右键,打开快捷菜单,选择"创建元素"→"导弹",选择模块元素"导弹",创建信号"wait"。

② 根据上面的步骤创建需要的各个模块元素,然后创建每个模块下面需要的信号,如图 8.15 所示。

2. 模块功能设计

图8.15 创建模块及信号

功能设计建模一般采用状态图、活动图、序列图,如果涉及模块间的约束关系,例如本书提出的反舰导弹突防概率计算,其涉及的约束关系很复杂,包括导弹的飞行速度、前置角偏差、视线角速度、机动加速度、导引律常数等,则可以使用参数图来描述模块间的约束关系。

(1)状态图

作为一种系统的动态视图,状态图主要描述系统中的状态,以及根据某种条件进行的状态切换。"反舰导弹"状态图如图 8.16 所示,反舰导弹功能设计分为初始化状态、待命状态、战斗状态及毁伤评估状态,描述的是开机时导弹初始化随即进入待命状态,在接收到导弹发射指令后进入战斗状态,战斗状态为复合状态,导弹将按照"初制导—中制导—末制导"的流程打击敌方目标,最后进行毁伤评估,判断是否完成打击。

图中状态间的切换使用了 3 种方法,其中,待命状态到战斗状态的切换采用了触发器来实现,通过是否接收到发射反舰导弹这个信号来判断是否切换状态,具体实现方法为打开状态间连接器的特征属性框,在 Signal 栏内选择发射反舰导弹,并在 Port 栏中选择信号接收端口。而战斗状态中的初制导阶段、中制导阶段、末制导阶段和毁伤评估阶段则靠定义影响和守卫实现。影响是在状态转换中将要执行的动作,在本案例中,这个执行的动作实际上就是进入该状态对应的活动图,具体实现方法是在当前状态图所属模块下建立一个活动图,并根据需要在状态特征属性框的 effect 栏中的 entry、exit 和 do 3 个选项中,选择对应的动作执行时刻，并填入刚才创建的活动。

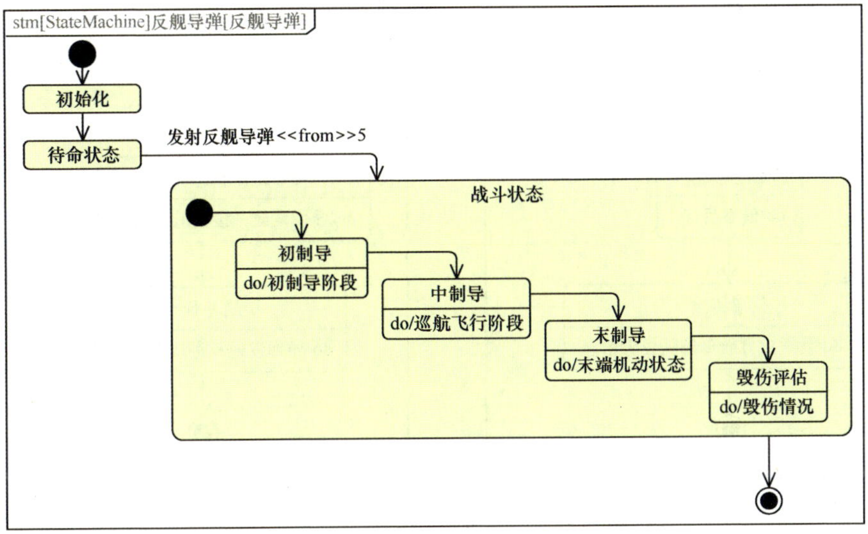

图8.16 "反舰导弹"状态图

按照与反舰导弹状态图相似的操作方式，分别建立侦察卫星、导弹发射车、战斗机、指挥中心、无人机、轰炸机等状态图。

①"侦察卫星"状态图

"侦察卫星"状态图由初始状态、最终状态和3个基本状态（初始化、侦察状态、信息传输状态）构成。在侦察状态与信息传输状态中嵌入对应的活动图来执行侦察信号的接收与发送，如图 8.17 所示。

②"导弹发射车"状态图

"导弹发射车"状态图由初始状态、最终状态和3个基本状态（初始化、待命状态、战斗状态）构成。在待命状态与战斗状态中嵌入对应的活动图来执行战斗信号的接收与发送，如图 8.18 所示。

③"战斗机"状态图

战斗机状态图由初始状态、最终状态和3个基本状态（初始化、待机状态、战斗状态）构成。在待机状态与战斗状态中嵌入对应的活动图来执行战斗信号的接收与发送，如图 8.19 所示。

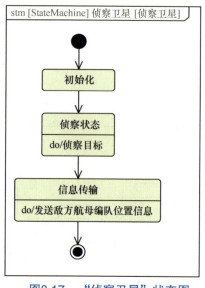

图8.17 "侦察卫星"状态图

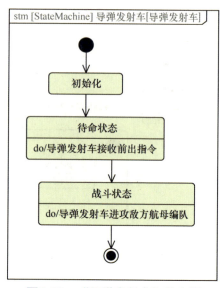

图8.18 "导弹发射车"状态图

④ "指挥中心"状态图

"指挥中心"状态图由初始状态、最终状态和3个基本状态（初始化、待命状态、战斗状态）构成。在待命状态与战斗状态中嵌入对应的活动图来执行战斗信号的接收与发送，如图8.20所示。

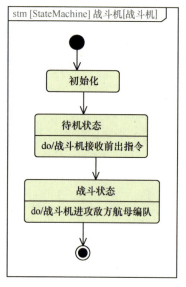

图8.19 "战斗机"状态图

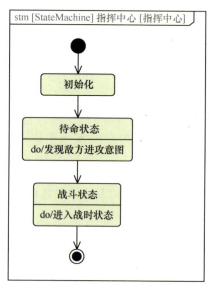

图8.20 "指挥中心"状态图

⑤ "无人机"状态图

"无人机"状态图由初始状态、最终状态和 3 个基本状态（初始化、待命状态、战斗状态）构成。在待命状态与战斗状态中嵌入对应的活动图来执行侦察信号的接收与发送，如图 8.21 所示。

⑥ "轰炸机"状态图

"轰炸机"状态图由初始状态、最终状态和 3 个基本状态（初始化、待命状态、战斗状态）构成。在待命状态与战斗状态中嵌入对应的活动图来执行打击信号的接收与发送，如图 8.22 所示。

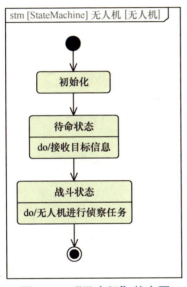

图8.21 "无人机"状态图

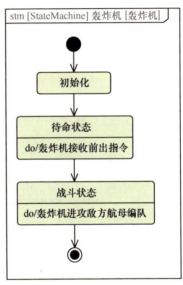

图8.22 "轰炸机"状态图

（2）活动图

活动图也是系统的动态视图，描述的是某个系统随着时间的推移会发生的事件，和状态图不同的是，活动图可以说明对象连续的行为。"指挥中心"活动图如图 8.23 所示，指挥中心承载着作战流程中大部分的信息交互任务，所以指挥中心活动图描述了整个作战流程。仿真开始时，指挥中心节点进行初始化操作，等待侦察卫星探测并发送敌方航母编队坐标；指挥中心收到敌方坐标后整合信息，并准备将敌方目标信息装载至无人机平台，随后派出无人机进一步侦察目标并传回目标信息；指挥中心接收到无人机传来的信息并与其他渠道获取信息进行整合生成打击方案，派遣轰炸机和战斗机前去执行打击任务；根据无人机传来的战场图像判断打击是否成功。

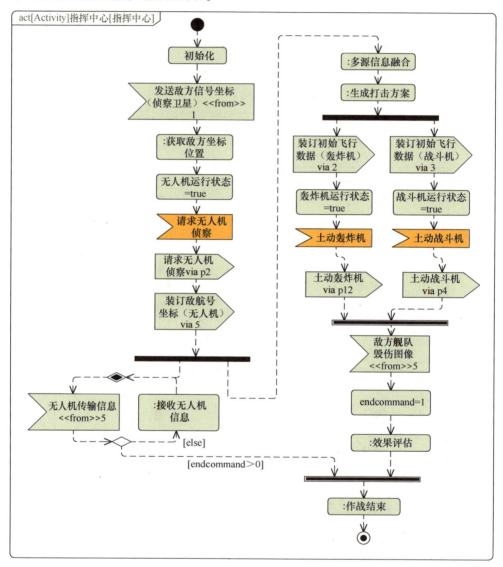

图8.23 "指挥中心"活动图

在"指挥中心"活动图中，标黄色的接收动作信号没有指定信号接收的端口，将作为仿真UI图中的信号按钮，使系统操作者模拟指挥人员参与战场决策，完成人在回路的设计；图中还用到了分支和决策节点，与上文中描述的守卫功能一致，通过在决策节点后延伸到不同方向的 connecter 连接器上定义逻辑表达式：endcommand>0，如果 endcommand 这个逻辑变量大于 0，则代表无人机传输战场信息活动结束，即刻返航；相反，如果 endcommand≤0，则继续执行战场侦察任务。所以，在后续设计中，当指挥中心接收到敌方目标损毁的消息后，使用 Opaque 不透明表达式，令 endcommand=1，使守卫判断为真，无人机平台任务完成且整个作战流程结束。

反舰导弹活动图分为"初制导"活动图、"中制导"活动图、"末制导"活动图。

① "初制导"活动图

"初制导"活动图由初始节点、活动最终节点、基础动作、不透明表达式动作、接收事件动作组成，如图 8.24 所示。

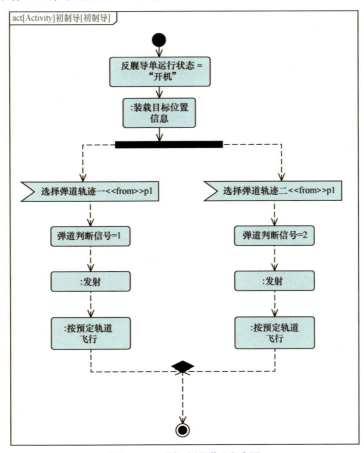

图8.24　"初制导"活动图

其中，基础动作在":"后添加需要执行的动作名称完成构建，如图 8.24 中的"装载目标位置信息"；接收事件动作的构建有两种方式，第一种是将之前创建的 Signal 元素直接拖曳到接收事件动作模块，然后单击鼠标右键，打开其特征属性框，在"port"栏中选择对应的端口完成信号绑定；第二种是直接打开特征属性框，在"Signal"栏中选择对应的信号，接着在"port"栏中选择对应的端口完成信号绑定。

不透明表达式动作按照"变量名＋数学符号＋值"的语法规则完成构建。例如，在主体和语言界面中选择语言为"English"，并在"主体"栏中输入"弹道判断信号 =1"，完成动作创建，如图 8.25 和图 8.26 所示。需要注意的是，变量名需要与之前创建的"ValueProperty"名称对应。在"ValueProperty"特征属性框中的"Name"栏中输入变量名称"弹道判断信号"，并为其选择变量类型，将"Type"设置为"Real"，完成变量创建，如图 8.27 所示。

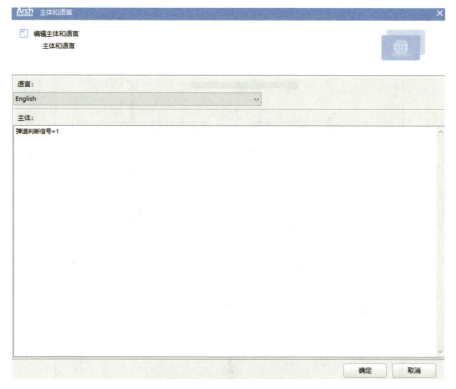

图8.25　主体和语言界面

图8.26　不透明表达式特征属性框

图8.27　ValueProperty特征属性框

② "中制导"活动图

"中制导"活动图由初始节点、活动最终节点、基础动作、不透明表达式动作、决策节点组成，如图 8.28 所示。

其中，不透明表达式动作、基础动作按照初制导对应的部分进行创建，而决策节点构建需要在每条分支设置对应的守卫，以图 8.28 中的"一号轨道中段飞行"动作后的决策节点为例，从该决策节点分出两条分支，在每个分支引出的控制流特征属性框中设置守卫条件，按照"变量名＋数学符号＋值"的语法编写条件语句，如图 8.29 所示。当只有两条分支时，可以只具体编写其中一条分支的条件语句,另一条设置为"else"即可。控制流特征属性框如图 8.30 所示。

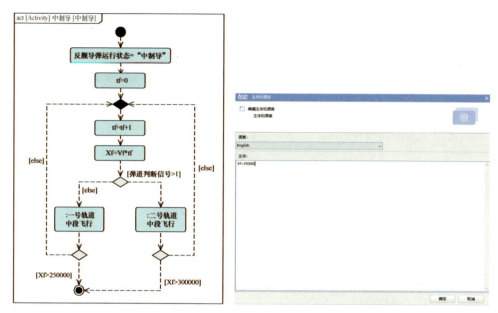

图8.28　"中制导"活动图　　　　图8.29　设置守卫

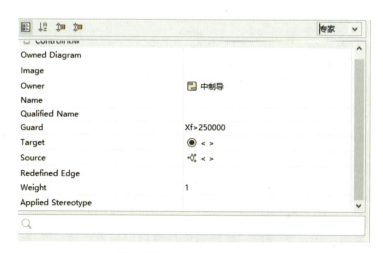

图8.30　控制流特征属性框

③ "末制导"活动图

"末制导"活动图由初始节点、活动最终节点、基础动作、不透明表达式动作、决策节点、发送信号动作组成,如图 8.31 所示。

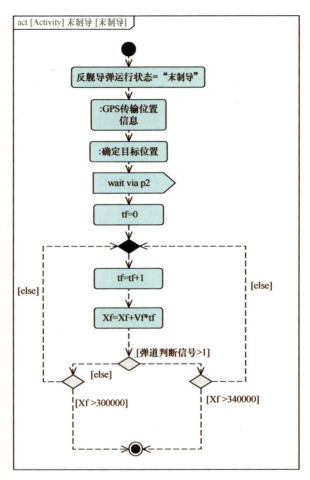

图8.31 "末制导"活动图

其中，基础动作、不透明表达式动作、决策节点的构建与"初制导"和"中制导"活动图中的步骤一致，发送与接收信号动作的操作动作也完全一致，需要注意的是，在创建一个发送信号动作的同时，也要创建一个接收信号动作。以图 8.32 所示的任务场景内部模块图为例，信号的流通是通过模块中的端口和端口间的连接器进行的。在同一时刻，侦察信号由侦察卫星模块的 p1 端口发出，通过连接器到达指挥中心模块的 p1 端口并由该端口接收，完成整个侦察信号的收发过程。所以在同一时刻内传输的信号，需要同时创建发送与接收信号动作，创建过程中信号发送动作与接收动作名称保持一致，应按照内部模块图中连接不同模块的绑定连接器的端口名设置 port。

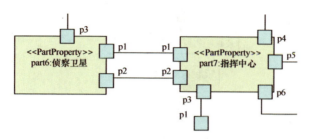

图8.32　任务场景内部模块图（部分）

（3）时序图

时序图通常在使用活动图或状态图描述完系统完整的功能并成功进行系统仿真后创建，用于捕捉之前已经建立好的系统的动态行为。如果内部模块图描述了系统间的信号端口连接情况，那么时序图则按照时间和预定逻辑展现系统内各端口内的流通的信息。在时序图中，生命线用来表达一个对象从仿真开始到结束所需要的消息总量，每条生命线都代表系统的参与者，生命线间的箭头则定义了系统间具体交互的信息和传递方向。图8.33 所示的是作战仿真流程前半段的系统时间序列图，其中，绿色的矩形框代表着任务场景中各个子系统和参与者，下方的箭头则表明了各个子系统间的信号传递内容和流通方向，User 代表系统操作人员，在系统仿真过程中监视着各个装备单元活动情况。当系统仿真到决策点时，系统操作人员发出决策命令，参与系统仿真过程，并影响系统的仿真进程。例如，用户向指挥中心发出请求无人机侦察命令后，指挥中心将命令转发给无人机平台，无人机平台接收到命令后再执行后续任务。

在"仿真视图"的"属性窗口"中，使用鼠标右键单击仿真目标模块，在弹出的菜单中选择"创建顺序图"，开启仿真，如图 8.34 所示。根据系统运行流程自动生成的顺序图如图 8.35 所示。

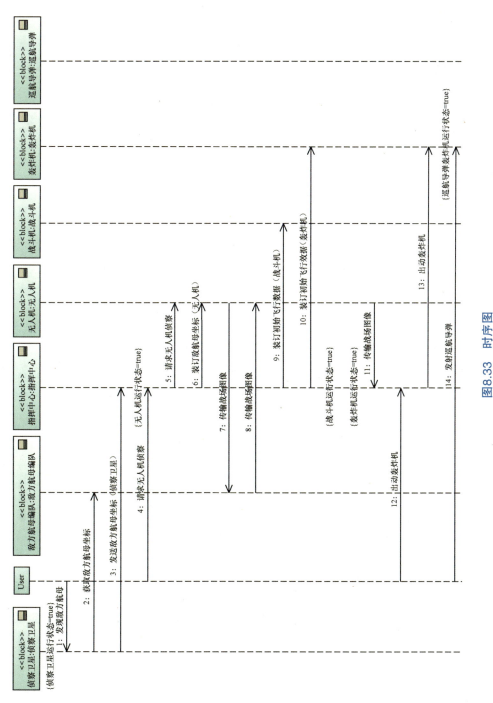

图8.33 时序图

图8.34 创建顺序图

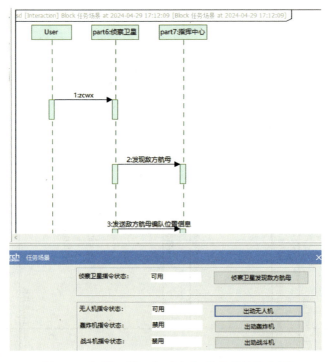

图8.35 根据系统运行流程自动生成的顺序图

（4）仿真UI图

仿真UI图是一种用于描述系统用户交互和界面的图形建模工具，通常用于构建系统中的用户界面，包括界面布局、界面流程和界面元素等，可以帮助建模人员设计和实现用户界面，提高系统的易用性。仿真UI图中包含窗口、文本框、网格布局、按钮等基本界面元素。其中，窗口表示系统的主界面，文本框表示用户可以输入文本的区域，网格布局用于分隔系统的功能区，使界面层次清晰，按钮表示用户可以单击的区域。

创建 UI 界面的步骤如下。

① 在"创建图"界面中单击"仿真 UI 图",创建仿真 UI 图,如图 8.36 所示。拖入"Frame"后,使用鼠标右键单击"Frame"打开其特征属性框,在"Respresents"栏中选择需要仿真的模块,即系统内部模块图与模块定义图所在的模块,本案例中为任务场景。仿真目标设置如图 8.37 所示。

图8.36　创建仿真UI图

图8.37　仿真目标设置

② 在"Frame"中添加面板,然后在各个面板的特征属性框中的"Feature"栏中选择对应的特征属性。以侦察卫星为例,其特征属性如图 8.38 所示。

图8.38　侦察卫星的特征属性

③ 在面板中拖入"文本框"和"按钮",分别在"文本框"中拖入"ValueProperty"变量,并在"按钮"中拖入相应信号,完成 UI 界面的创建。

(5)仿真配置图

仿真配置图能够为整个系统仿真需要使用到的仿真选项进行配置,主要配置"UI""executionTarget"和"timeUnit"。其中,"UI"应选择已建立的仿真UI图"任务场景";"executionTarget"选择仿真在哪个模块下执行,通常选择包含系统的模块定义图和内部模块图的模块;"timeUnit"选择仿真时间间隔。

8.5 系统仿真配置

系统仿真配置可以在实际开发前充分评估和优化用户界面,避免在后期开发阶段进行大幅修改,从而节省时间和资源,降低开发风险,提高开发效率,同时也能够在早期阶段获取用户的反馈,确保最终交付的系统能够满足用户的需求。具体建模过程如下。

① 在模型浏览器中,选择包元素"03 仿真配置",单击鼠标右键,打开快捷菜单,选择"创建图"→"仿真配置图",并将其命名为"03 仿真配置"。通过图元素工具栏在绘图窗口创建"仿真配置"元素,将其命名为"任务场景仿真",如图 8.39 所示。

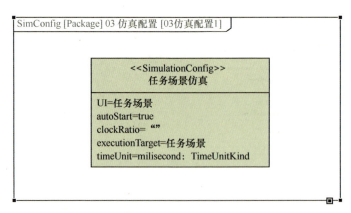

图8.39 仿真配置图

② 在模型浏览器中选择包元素"03 仿真配置",单击鼠标右键,打开快捷菜单,选择"创建图"→"仿真 UI 图",并将其命名为"导弹突防系统指挥控制面板",如图 8.40 所示。

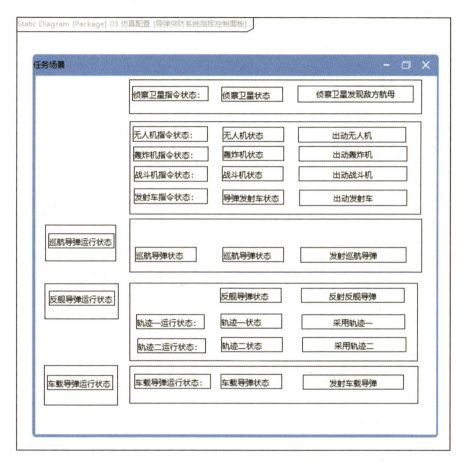

图8.40　导弹突防系统指挥控制面板

③ 通过图元素工具栏,在仿真 UI 图中创建框架,在框架中创建组合框和面板,然后在组合框中创建相应的按钮和文本框。在模型浏览器中,选择需要进行仿真的模块元素和组成属性,将其拖曳到"Frame"元素符号中。

④ 选择 SimulationConfig 元素"任务场景仿真",单击鼠标右键打开其特征属性窗口,将 UI 属性选择为"任务场景"。在主工具栏单击"任务场景仿真"

右侧的仿真按钮，再单击启动按钮，开始仿真，仿真过程中通过控制面板的按钮触发状态转换，仿真效果如图 8.41 所示。

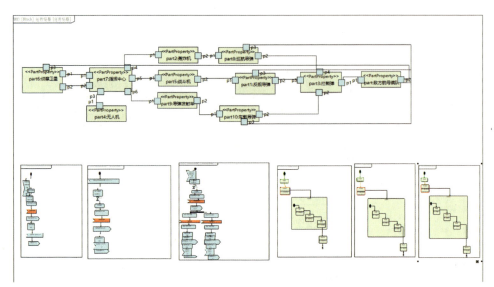

图8.41 仿真效果

8.6 UE4 虚幻引擎联调

1. 虚拟任务场景构建

根据第 5 章中架构软件制定作战场景的想定和武器装备模型的逻辑行为，本节使用 UE4 对任务场景和虚拟装备模型进行构建。任务场景构建主要包括基于真实地形的数据收集、地形建立、地形雕刻、材质添加、植被绘制和光照设置等。地形创建应先载相关地形的高程、地貌、植被等数据，再使用 World Machine 地形建模软件对数字高程数据进行预处理，使用格式转换、坐标转换、去噪等方式将数据转化为 UE4 可以处理的格式，然后使用栅格工具将高程值分配到网格单元中生成高程数据网格，并在数据网格中对地形细节进行编辑和设计，最后导出模型文件。

将制作好的地形导入 UE4，在其编辑器内添加材质，用来模拟不同的地表材质，如草地、岩石和泥土等，通过调整不同的贴图权重，采用不同种类纹理相乘并进行粗糙度处理，制作出地面材质球。部分材质蓝图如图 8.42 所示。

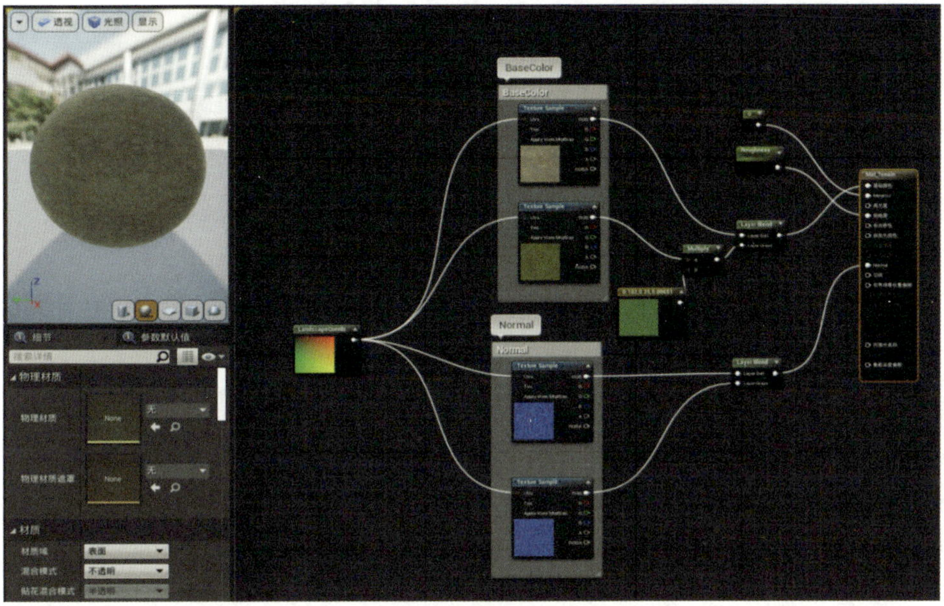

图8.42　部分材质蓝图

为了使场景更加逼真，后续可在地形中添加植被模型和光照模型，在编辑器中选择贴近地形材质的植被模型并调整密度参数。地形植被编辑如图 8.43 所示。

图8.43　地形植被编辑

植被编辑完成后，在场景中选择方向光源并设置光源强度、颜色、阴影属性，最终完成虚拟地形环境构建。光源设置场景如图 8.44 所示。

图8.44 光源设置场景

2. 虚拟武器装备模型构建

虚拟战场环境中相关装备模型的行为编辑需要先构建相应武器装备的三维模型，本书涉及的模型均从 3D Studio Max 建模软件中生成。以反舰导弹模型为例，构建流程为：在编辑器中创建基础形状（如圆柱、长方体、圆锥等）作为导弹的基础结构，按照一般导弹的组成部分（弹头、导引头、控制系统、电池系统、燃料系统）分别进行建模。将基础形状通过编辑工具进行缩放、拉伸、旋转、倒角等操作进行调整，各个部分调整完成后再通过编辑网格结构，使用连接、圆角等工具将基础形状进行连接，再对弹体细节进行调整和光滑处理，形成导弹外形结构并导出 FBX 格式模型文件。

在 UE4 中分别导入创建好的 FBX 模型文件。按照突防场景想定，在场景中摆放各模型，如海上航母编队模型、陆上指挥中心模型和空中侦察卫星模型等。其中陆上指挥中心模型如图 8.45 所示。

图8.45 陆上指挥中心模型

武器装备模型位置摆放完毕后,则开始进行装备模型的逻辑行为编辑,也就是赋予静态模型"生命",让模型根据指令进行相应的动作。在得到架构软件指定的作战指令顺序后,将依据指令顺序来编写后续模型接收到指令后的动作蓝图。

以发现敌方航母指令为例,按照流程,侦察卫星发送发现敌方航母指令后,指挥中心会将相关敌方信息进行整合,等待发送。所以在蓝图中,接收到指令信息后,画面从我方航母编队跳转至敌方航母编队俯视视角即侦察卫星视角,然后延迟 2 秒显示侦察卫星模型,最后延迟 1 秒跳转至指挥中心及陆上雷达画面表示整合信息,将以上流程用蓝图编写实现,如图 8.46 所示。

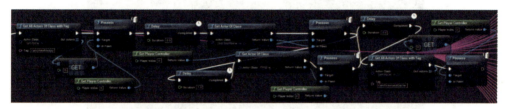

图8.46　接收发送敌方航母指令蓝图

3. 联合仿真演示

结合 SysML 构建的 SysDesim.Arch 中需要传输的作战指令如图 8.47 所示。

UE4 针对以上信号在蓝图中通过通信插件对传输信号进行接收并解析,分配给各自单元,然后调用行为模型完成通信连接,蓝图如图 8.48 所示。

图8.47　体系级模型传输信号

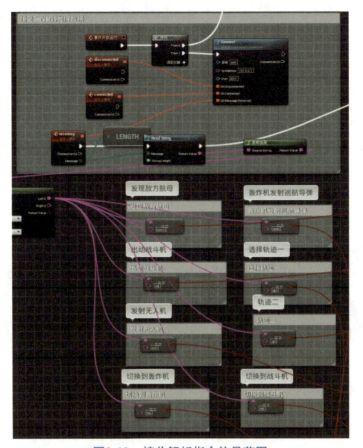

图8.48 接收解析指令信号蓝图

依次单击仿真 UI 图中的指令信号,触发 UE4 中虚拟作战单元的作战行为。

(1)侦察卫星发现敌方航母

单击"侦察卫星发现敌方航母"按钮,UE4 摄像机跳转到敌方航母上空并逐渐拉近,画面右上角显示接收的信号名称及对应执行的动作。

(2)出动无人机

单击"出动无人机"按钮,UE4 摄像机跳转到无人机起飞及在海面上飞行,画面右上角显示接收的信号名称及对应执行的动作。

(3)出动轰炸机

单击"出动轰炸机"按钮,UE4 摄像机跳转到轰炸机起飞及在海面上飞行,画面右上角显示接收的信号名称及对应执行的动作。

（4）出动战斗机

单击"出动战斗机"按钮，UE4摄像机跳转到战斗机起飞及在海面上飞行，画面右上角显示接收的信号名称及对应执行的动作。

（5）发射巡航导弹

单击"发射巡航导弹"按钮，UE4摄像机跳转到轰炸机并发射巡航导弹，画面右上角显示接收的信号名称及对应执行的动作，

（6）按照轨迹一/轨迹二发射反舰导弹

单击"轨迹一/轨迹二发射反舰导弹"按钮，UE4摄像机跳转到反舰导弹及攻防过程，画面右上角显示接收的信号名称及对应执行的动作。